Kleine Hunde

AUTORIN: SUSANNE MÜLLER-RIELINGER | FOTOS VON RENOMMIERTEN TIERFOTOGRAFEN

Inhalt

Kleine Hunde sind in

Kleine Hunde sind beliebt. In allen Kulturen von China bis Europa hatten und haben sie ihre Fans. Zwerge haben viele Vorteile gegenüber ihren »großen Brüdern«: Sie brauchen weniger Platz und Futter, und sie lassen sich leichter mitnehmen. Dennoch sollten Sie nie vergessen: Auch ein kleiner Hund ist ein Hund.

Im Sturm erobert

Kleine Hunde finden die meisten Menschen niedlich. Wenn so ein Zwerg wie ein Wirbelwind zu »seinem« Mensch saust, heißt es nicht: »Schau, wie gut er hört«, sondern: »Wie süß!« Zwei Knopfaugen, die uns aus einem rundlichen Köpfchen anschauen, lassen uns dahinschmelzen: Wir reagieren sofort auf dieses »Kindchenschema«. Einige Rassen haben ein dichtes weißes Fell und sehen wie ein Plüschtier aus: Dann ist unser Herz vollends gewonnen. Kein Wunder, dass so ein Hund in der Werbung oft als Sympathieträger fungiert und sich selbst Stars gern mit ihrem kleinen Liebling auf dem Arm fotografieren lassen.

Zur Gesellschaft oder zur Jagd?

Bereits im Barockzeitalter galt es als herrschaftliches Geschenk, einen kleinen Bologneser zu verschenken. Der Maler Tizian hat 1538 in seinem Gemälde »Venus von Urbino« so einen kleinen Hund verewigt. Solche anschmiegsamen und hübschen »Gesellschaftshunde« dienten der Liebhaberei ihrer Besitzer. Aber während die Schoßhündchen in der Kutsche auf dem Arm der Damen saßen, liefen kleine Wachhunde vom Typ des Zwergschnauzers, die jeden sich nähernden Fremden bellend meldeten, nebenher. Hunde kleiner Rassen werden seit Langem auch zur Jagd verwendet: Sie müssen so klein sein, dass sie in einen Fuchs- oder Dachsbau hineinpassen und die Insassen herausjagen. Ein Hund, der sich das traut, muss mutig, entschlossen und ausdauernd sein und auch selbstständig Entscheidungen fällen können. Diese Charakterzüge führen aber dazu, dass der Umgang mit ihnen nicht ganz einfach ist: Wer mit einem Fuchs fertig wird, ordnet sich auch seinem Besitzer nicht widerspruchslos unter!

Das spricht für einen »Kleinen«

Ein kleiner Hund ist praktisch. Ganz unterschiedliche Gründe können dahinterstecken, wenn jemand einen »Hundezwerg« in Betracht zieht:

Stadtwohnung ohne Aufzug In obere Etagen kann der kleine Hund notfalls auch getragen werden. Das ist nötig, solange er noch jung, aber auch wenn er verletzt oder älter geworden ist.

Urlaub Auf Reisen kann man Kleine leichter mitnehmen. Oft drücken Hotel- oder Restaurantbesitzer bei einem kleinen Hund ein Auge zu.

Allergien Tierhaarallergiker können sich in der Regel ihren Wunsch nach einem Hund mit einem Malteser, bestimmten Pudelrassen oder einem Bologneser erfüllen, da diese nicht haaren.

Kinder und kleine Hunde haben viel Spaß beim Herumtoben. Beide sollten dabei gegenseitige Rücksichtnahme lernen.

Menschen mit Handicap Wer körperliche Probleme hat, kann mit einem kleinen Hund eher seinen Traum Wirklichkeit werden lassen, denn das Tier passt in Größe und Gewicht besser zu den Bewegungsmöglichkeiten seines Besitzers: Ein großer, 25 Kilogramm schwerer Hund könnte einer zierlichen Frau mit Bandscheibenproblemen schon echte Schwierigkeiten bereiten, gerade in der Zeit der Grunderziehung!

Ältere Menschen Wer in den Ruhestand eingetreten ist, hat nun endlich ausreichend Zeit für einen Hund. Senioren möchten aber auch aktiv leben und auf Reisen gehen. Hier passt sich gerade ein kleiner Hund bestens an.

Betreuung Eine Pflegestelle im Urlaub oder während der Arbeitszeit lässt sich für einen Winzling viel leichter finden als für einen »Riesen«.

Akzeptanz Familie, Nachbarn und Eltern von befreundeten Kindern sind gegenüber einem kleinen Hund viel eher aufgeschlossen. Kaum jemand hat Angst vor kleinen hübschen Hunden. Denn das muss man als Hundehalter auch wissen: Es gibt viele Menschen, die Angst vor Hunden haben. Und diese können sie eher im Umgang mit einem kleinen Hund überwinden lernen.

Das sollten Sie bedenken

Kleine Hunde sind richtige Hunde. Einen kleinen Hund müssen Sie genauso erziehen wie einen großen. Viele Halter kleiner Hunde, zum Selbstbewusstsein ihres Begleiters befragt, sagen aus, dass er den Mut für zwei Große habe und sich seiner geringen Körpergröße offenbar nicht bewusst sei. Speziell die jagdlich gezüchteten Hunde kleiner Rassen haben ein großes Bewegungsbedürfnis und sind sehr eigensinnig; hier ist konsequente Erziehung gefragt. Bei unausgelasteten kleinen Hunden kann ihre überschüssige Energie schnell in die falschen Bahnen geraten. Unerwünschtes Verhalten wie Dauerbellen und Zerstörungswut in Haus oder Garten sind dann das Resultat. Körperliche Aktivitäten liegen den meisten kleinen Hunden, sie sind echte Sportskameraden (→ Seite 58/59).

Der gemeinsame Vorfahr

So unterschiedlich unsere Hunderassen auch sind, alle stammen vom Wolf *(Canis lupus)* ab. Viele von den ererbten Eigenschaften der Wölfe sind im Laufe der Haustierwerdung verloren gegangen. Doch einige seiner Bedürfnisse leben auch im Hund kleiner Rasse weiter. Und die müssen erfüllt werden, damit er ein artgerechtes Leben führt:

Soziale Nähe Regelmäßiger Freilauf mit Artgenossen und viele Stunden täglich in Gesellschaft »ihrer« Menschen gehören zu den Grundbedürfnissen eines Hundes. Hunde brauchen die Nähe zu ihrer/n Bezugsperson(en), sie können und möchten nur wenige Stunden am Tag allein sein.

Freude an der Jagd Ob Vögel, Mäuse oder Kaninchen: Zwar jagen kleine Hunde in der Regel nicht, um sich von der Beute zu ernähren, doch sie rennen gern allem hinterher, was vor ihnen flüchtet.

Territorialverhalten Ein Hund möchte Haus und Garten »seiner« Menschen bewachen und verteidigen. Manch Kleiner verbellt deshalb jeden Besucher so hartnäckig, dass Sie rechtzeitig die Notbremse ziehen sollten. Ein Rüde kann ein solches Verhalten auch beim Spaziergang in seinem Revier zeigen, wo er keine Nebenbuhler duldet.

Kinder und kleine Hunde

TIPPS VON DER HUNDE-EXPERTIN
Susanne Müller-Rielinger

NETT ZU KINDERN »Die« kinderfreundliche Hunderasse gibt es nicht. Gute Sozialisierung und stets positive Erfahrungen mit Kindern sorgen dafür, dass sich der Hund ihnen gegenüber freundlich verhält.

ERZIEHUNG Kinder können einen Hund nicht erziehen, das müssen die Eltern übernehmen. In der Rangordnung sieht sich der kleine Hund erst einmal über dem Kind stehend.

SCHLAFENDER HUND Er darf niemals vom Kind gestört werden. Bieten Sie Ihrem Hund eine Rückzugsmöglichkeit an, die für Ihr Kind tabu ist.

FRESSENDER HUND Wenn der Hund an seinem Futternapf ist, muss das Kind Abstand halten.

NICHT TRAGEN Der kleine Hund soll vom Kind nicht getragen werden. Er könnte herunterfallen oder sich wehren und das Kind dabei verletzen.

SPAZIERGANG Ihr Kind sollte erst ab etwa 12 Jahren allein Gassigehen. Vorher ist es nicht in der Lage, schwierige Situationen, die sich mit anderen Hunden ergeben können, zu bewältigen.

Was macht einen kleinen Hund aus?

Gesunde kleine Hunde sind rein körperlich die Miniaturausgabe eines großen. »Gesund« heißt dabei, dass der Hund durch seine Kleinwüchsigkeit nicht in irgendeiner Weise beeinträchtigt wird, sei es beim Atmen durch eine verkürzte Schnauze, beim Fressen oder beim Laufen.

Größe Zu den kleinen Hunden werden alle Rassen mit einer Schulterhöhe bis zu etwa 35 bis 40 Zentimetern und mit einem Gewicht bis zu ungefähr zehn Kilogramm gerechnet.

Kopfform Vergleichen wir das Skelett eines kleinen mit dem eines großen Hundes, fällt uns die Gestalt des Schädels besonders auf: Er ist bei Kleinen meist runder, die Schnauze ist meist kürzer als bei mittelgroßen bis großen Rassen.

Beinlänge Im Verhältnis zum Körper haben kleine Hunde kürzere Beine. Ein Zwerg muss deshalb viel mehr Schritte für die gleiche Strecke zurücklegen als ein großer Artgenosse.

Dieser kleine Yorkshire-Terrier ist ein wahres Energiebündel.

Abstammung Ein kleiner Hund ist nicht immer ein Begleithund, seine Vorfahren können auch Wach-, Hüte- oder Jagdhunde gewesen sein. Dackel beispielsweise stammen von sogenannten Bracken ab. Um einen Hund zur Verfügung zu haben, der sich besonders für die Baujagd unter der Erde eignet, wurde stets mit kleinen und kurzläufigen Vertretern weitergezüchtet, bis eine eigene Rasse entstand. Einen Welpen mit solchen Ahnen in einen Privathaushalt zu integrieren, bedeutet, ihn seiner natürlichen Veranlagung entsprechend mit Nasen- oder Apportierarbeit auszulasten, sonst ist er unzufrieden (‣ Seite 7). Aber auch ein kleiner Begleithund ist kein reiner Schoßhund, sondern ein neugieriger, wacher und treuer Kamerad, der sich über drei tägliche Spaziergänge und ein Spiel mit seinem Menschen genauso freut wie ein großer.

Bedürfnisse Kleine Hunde haben in Bezug auf Bewegung und geistige Auslastung die gleichen Ansprüche wie ein großer. Machen Sie sich diese Tatsache immer wieder bewusst. Auch wenn Sie und wahrscheinlich auch Ihre Mitmenschen Ihren kleinen Hund immer süß finden werden, müssen Sie dafür sorgen, dass er nicht verniedlicht und verhätschelt wird.

Die Hunderassen

Der Verband für das deutsche Hundewesen (VDH) ist Mitglied der kynologischen Weltorganisation (FCI). 300 unterschiedliche Rassen sind von diesem

Verband bisher anerkannt, beschrieben sowie nach Aussehen und rassespezifischem Verhalten in zehn Gruppen eingeteilt worden. Kleine Hunde sind in sieben Kategorien vertreten, die Gruppen 7, 8 und 10 umfassen Hunde mit einer Körpergröße über 40 cm, die Gruppe 6 reine Jagdhunde. Wer auf der Suche nach einem kleinen Hund ist, sollte sich innerhalb der sechs infrage kommenden Gruppen nach einer passenden Rasse umsehen und bei der Wahl eventuell einen Fachmann zurate ziehen.

Kleine Hunderassen innerhalb der FCI-Gruppen

FCI-GRUPPE	RASSEN	EIGENSCHAFTEN
GRUPPE 1 Schäfer-, Hüte- und Treibhunde	Shetland Sheepdog (Sheltie), Welsh Corgi Cardigan, Schipperke	wachsame intelligente Hütehunde, kleine Wachhunde; neigen teilweise zum Wildern; fügen sich bei konsequenter Erziehung gut in die Familie ein
GRUPPE 2 Pinscher, Schnauzer	Affenpinscher, Zwergpinscher, Zwergschnauzer	wachsame und anhängliche Familienhunde; lebhaft und temperamentvoll
GRUPPE 3 Terrier	Australian Silky Terrier, Border Terrier, Bullterrier (Miniatur), Cairn Terrier, English Toy Terrier, Jack Russell Terrier, Lakeland Terrier, Norfolk Terrier, West Highland White Terrier (Westie), Yorkshire Terrier	lebhafte und wachsame Hunde, mutig, robust und fröhlich, oft passionierte Rattenjäger
GRUPPE 4 Dachshunde	Dachshund, Teckel, Dackel als Rauhaar-, Langhaar- und Kurzhaarvariante	freundliches Wesen, ausdauernde Jagdhunde, konsequente Erziehung nötig
GRUPPE 5 Spitze, Hunde vom Urtyp	Kleinspitze, Zwergspitz, Italienischer Volpino	anhänglich, fröhlich, aufgeweckt, misstrauisch gegenüber Fremden, wachsam
GRUPPE 6 Lauf-, Schweißhunde	Basset fauve de Bretagne, Bracke, Dachsbracke, Drever, Gebirgsschweißhund	Arbeitshunde, die sich nur für die Jägerhand eignen
GRUPPE 9 Gesellschafts- und Begleithunde	Griffon, Bichon à poil frisé, Bologneser, Cavalier King Charles Spaniel, Chihuahua, Chinesischer Schopfhund, Französische Bulldogge, Havaneser, Pekingese, Mops, Malteser, Toy- und Zwergpudel, Papillon, Shih Tzu, Tibet Spaniel, Zwergspaniel	wachsam, fröhlich, verspielt, intelligent; freundlicher Familienhund; Gefahr des Vermenschlichens; starke soziale Intelligenz

Gelehrig und verspielt

Bichon à poil frisé

Der Kleine mit dem rein weißen Fell und den Korkenzieherlocken ist ein fröhlicher, verspielter Kamerad, der gerne herumtobt. Er stammt vermutlich von den Kanarischen Inseln. Dieser kleine Gesellschaftshund ist kinderlieb und leicht zu erziehen. Der Bichon à poil frisé ist wachsam, aber kein Kläffer. Er schlägt nur an, wenn ihm etwas nicht geheuer ist. Sein Fell muss täglich gebürstet und gekämmt werden, damit es nicht verfilzt. Er haart nicht und ist daher für Tierhaarallergiker gut geeignet.

Herzlich und sanft

Cavalier King Charles Spaniel

Dieser kleine Gesellschaftsspaniel ist ein gefälliger, leicht erziehbarer Familienhund, der sich auch für jemanden, der sich erstmals einen Hund anschafft, hervorragend eignet. Er fügt sich ebenso gerne in den Alltag einer Familie mit Kindern ein wie in den Haushalt eines älteren Menschen. Er geht ohne Murren täglich dieselben Runden, liebt gleichwohl ausgedehnte Spaziergänge und kleine Apportieraufgaben. Streit geht er aus dem Weg. Regelmäßiges Bürsten ist notwendig.

Mutig und aufgeweckt

Chihuahua

Seine Vorfahren fanden einst bei religiösen Ritualen der Azteken Verwendung. Als die spanischen Eroberer ihre großen Hunde mitbrachten, versteckte er sich in Feldspalten und überlebte nur dank seiner Klugheit. Er ist der kleinste Hund der Welt. Die Bemühungen, bei der Zucht immer kleinere Tiere hervorzubringen, führen leider zu gesundheitlichen Nachteilen. Mutig verbellt er schon mal größere Artgenossen. Was er nicht mag: allein sein, verhätschelt und wie ein Püppchen behandelt zu werden.

Hund für Anfänger | Hund für Fortgeschrittene | ! leicht erziehbar | !! konsequente Erziehung nötig

Mutig und ausdauernd

Dackel

Diesen kleinen, mutigen und wachsamen Hund mit jagdlichen Ahnen, der von klein auf eine konsequente Erziehung braucht, gibt es als Langhaar, Rauhaar- und Kurzhaar. Eine nicht zu kleine Stadtwohnung – er muss über Treppen getragen werden! – kann man mit artgerechter Beschäftigung wie Apportieren ausgleichen. Seine Selbstständigkeit wird oft mit Sturheit verwechselt. Er muss regelmäßig getrimmt werden. Wählen Sie einen Dackel aus, der als Begleithund gezüchtet wurde, keinen mit jagenden Eltern!

Intelligent und temperamentvoll

Jack Russell Terrier

Dieses kleine niederläufige Energiebündel braucht früh eine konsequente Erziehung, dann ist er ein liebenswerter Kerl, der mit seinen Besitzern durch dick und dünn geht. Kein Ball ist vor ihm sicher, beim Spielen dreht er richtig auf. Er braucht viel Beschäftigung. Anfänger sollten mit ihm eine Hundeschule besuchen. Beliebt bei Reitern wegen seiner Ausdauer; seine Abstammung als Jagdhund lässt sich nicht verleugnen, er ist kühn und furchtlos. Seine hochläufige Variante ist der Parson Jack Russell Terrier.

Gutmütig und sensibel

Mops

Man vermutet, dass der Mops ursprünglich aus China stammt. Als Mitbringsel kam er nach Europa, wo er im 19. Jahrhundert zum Modehund wurde. Und wie es mit der Mode so ist: Danach wäre er beinahe ausgestorben. Heute ist der kleine stämmige Mops mit dem großen runden Kopf und der ausgeprägten Faltenbildung im Gesicht wieder auf dem Vormarsch. Er braucht Familienanschluss, ist freundlich, verspielt, liebt Kinder und ist kein typischer Beller, aber er schnarcht und schnauft laut.

→ normaler Beschäftigungsbedarf | ⇶ hoher Beschäftigungsbedarf | erhöhter Pflegebedarf

Sanftmütig und menschenbezogen

Shetland Sheepdog (Sheltie)

Seit 1840 hat dieser kleine Hütehund ursprünglich die Aufgabe, Schafherden zusammenzuhalten. Er ist ein sehr gelehriger und intelligenter Hund, der auch zu Rettungs- und Lawinensuchhunden ausgebildet wird. Hundesport wie Agility ist das richtige Auslastungstraining für ihn. Der Sheltie ist distanziert gegenüber Fremden, dabei aber ein erstklassiger Familienhund. Eine konsequente Erziehung im Welpenalter ist unbedingt notwendig, damit aus ihm kein Kläffer wird.

Freundlich und eigensinnig

West Highland White Terrier (Westie)

Ursprünglich aus den Schottischen Highlands stammend ist er heute einer der beliebtesten Hunde weltweit. Ein Dickkopf mit viel Energie und unerschrockenem Mut. Er kann auch in einer kleinen Wohnung gehalten werden, sollte als Ausgleich ausreichend Beschäftigung und Auslauf haben. Dieser kleine Hund braucht neben täglicher Fellpflege unbedingt eine konsequente Hand, dann wird aus ihm ein anhänglicher Familienhund. Seine Jagdpassion kann man ihm schwer abgewöhnen.

Wachsam und lebhaft

Zwergpinscher

Dieser kesse Familienhund hat Temperament, Spielfreude und ist immer sehr aufmerksam. Er mag gerne ausgedehnte Wanderungen mit »seinen« Menschen. Der Zwergpinscher ist das verkleinerte Abbild des Deutschen Pinschers. Er ist auch in einer kleinen Wohnung gut zu halten. Erst seit Anfang des 20. Jahrhunderts wird zwischen Pinschern und Schnauzern unterschieden und getrennt gezüchtet. Der Zwergpinscher hat kurzes Fell ohne Unterwolle und friert im Winter schnell.

Hund für Anfänger · Hund für Fortgeschrittene · ! leicht erziehbar · !! konsequente Erziehung nötig

Sportlich und treu

Zwergpudel

Dieser beliebte Begleithund ist verspielt und außerordentlich gelehrig. Tricks und Kunststückchen lernt er gern, im Mittelpunkt zu stehen liebt er. Er ist ein idealer Familienhund, der leichtführig ist, auf Geschrei und Lärm aber leicht nervös und unruhig reagiert – in liebevoller und ruhiger Hand blüht er dagegen auch im Hundesport wie Agilty oder Obedience richtiggehend auf. Sein Fell muss regelmäßig gepflegt bzw. geschoren werden. Er haart nicht, deshalb ist er bei Allergikern beliebt.

Schwungvoll und treu

Zwergschnauzer

Wachsam, treu und robust ist dieser kleine Hund. Erst seit dem Jahr 1910 wird der Zwergschnauzer im heutigen Standard gezüchtet. Ursprünglich nannte man ihn den rauhaarigen Pinscher – er lief wachsam neben den Postkutschen her. Heute ist er ein Begleithund, der auch als Wachhund gute Dienste tut. Er sollte konsequent erzogen werden sowie viel Auslauf und Beschäftigung haben, um Verhaltensauffälligkeiten vorzubeugen. Regelmäßiges Trimmen und Fellpflege sind notwendig.

Fröhlich und verspielt

Zwergspitz

Diese Variante des Deutschen Spitzes stammt er ursprünglich aus dem Raum Mannheim. Er besticht durch seine Fröhlichkeit, die ihn früher auch als Zirkushund beliebt machte. Er ist wachsam und durch sein lockeres Haarkleid wetterfest. Da er misstrauisch gegenüber Fremden ist und zu revier- und besitzverteidigendem Verhalten neigt, sollte er in der Jugend viele positive Erfahrungen mit anderen Menschen machen und das bereitwillige Hergeben von Spielsachen immer wieder üben.

→ normaler Beschäftigungsbedarf ⇶ hoher Beschäftigungsbedarf erhöhter Pflegebedarf

Ein »Kleiner« soll es sein

Wenn Sie sich für einen Hund – egal, welcher Größe – entscheiden, so bedenken Sie bitte immer, dass Sie damit die Verantwortung für ein Lebewesen übernehmen, das als solches geschätzt und seinen Anlagen entsprechend gefördert werden möchte. Seien Sie sich gerade bei einem kleinen Hund bewusst, dass Sie ihm nicht gerecht werden, wenn Sie ihn verniedlichen, ihn ständig in einer Tasche mit sich herumtragen, ihn wie ein Menschenkind einkleiden oder ihn mit Parfüm einsprühen. Wenn Sie das mit Ihrem Hund tun möchten, kaufen Sie sich bitte keinen. Ein Hund, auch wenn er klein ist, hat Anspruch auf artgerechte Behandlung, Pflege und Unterbringung. Natürlich können Sie ihm ein modisches Halsband kaufen, und im Winter kann das Mäntelchen auch ruhig chic sein. Wenn dabei wichtige Bedürfnisse des Hundes im Vordergrund stehen, können Sie bei den Accessoires ruhig aus dem Vollen schöpfen.

Bei kurzhaarigen kleinen Hunden ist ein Mäntelchen bei nasskaltem Wetter wichtig.

Das braucht ein kleiner Hund

Bewegung Der kleine Hund muss durch Laufen und Rennen Muskulatur aufbauen können, damit Knochen oder Bewegungsapparat gesund bleiben.
Soziale Kontakte Ein kleiner Hund muss sich mit anderen Artgenossen auseinandersetzen können.
Geistige Auslastung Er braucht art- und rassegerechte Beschäftigung, damit seine Instinkte nicht verkümmern. Wie Sie ihm Abwechslung verschaffen können, lesen Sie ab Seite 55.

Was im Vorfeld zu bedenken ist

Bevor Sie einen kleinen Hund bei sich aufnehmen, sollten Sie sich genau über die Folgen, die dieser Schritt nach sich zieht, im Klaren sein. Überlegen Sie sich anhand des Tests auf Seite 15, ob ein Hund zu Ihrem Lebensstil passt.

Den richtigen Hund finden

Ehe ein kleiner Hund bei Ihnen einzieht, sollten Sie überlegen, was Sie von Ihrem zukünftigen Begleiter erwarten. Jagdhunde sind nicht nur vom Bewegungsbedürfnis anspruchsvoller, sie brauchen auch eine viel konsequentere Hand. Ersthundebesitzer können da schnell überfordert sein. Bei einem Mischling, dessen Eltern bekannt sind, darf man nicht so ohne Weiteres vom Äußeren auf den Charakter schließen. Ein Windhund-Schnauzer-Mischling sieht vielleicht aus wie ein Windhund, aber die Wachsamkeit hat er vom Schnauzer geerbt.

Haben Sie sich bereits rettungslos in eine Rasse »verguckt«? Bedenken Sie in Ihrer Begeisterung bitte, dass die meisten Rassen seit je für ein bestimmtes Verhalten gezüchtet wurden. Lesen Sie die Rassebeschreibung und achten Sie auf das »Kleingedruckte«. Ein wachsamer Hund neigt zum Kläffen, ein als stur beschriebener Hund ist nicht leicht erziehbar und reagiert bei inkonsequentem Verhalten mit Ignoranz.

Rüde oder Hündin Die Frage, ob man sich für einen Rüden oder eine Hündin entscheiden soll, ist nicht unerheblich. Rüden werden etwas größer und schwerer als weibliche Tiere derselben Rasse. Hündinnen werden alle sechs bis neun Monate läufig. Ihnen sagt man nach, sie seien anhänglicher als Rüden, das ist jedoch nicht immer so. Rüden neigen stärker zu dominantem Verhalten gegenüber Menschen und zeigen öfter Imponierverhalten bei Hundebegegnungen. Raufereien zwischen Rüden kommen häufiger vor, verlaufen aber meist glimpflicher als zwischen Hündinnen.

Youngster oder Oldie Beim Welpen müssen Sie einkalkulieren, dass er erst stubenrein und erzogen werden muss. Das kostet Zeit, Geduld und manchmal starke Nerven. Ein älterer Hund dagegen mag keinen Trubel mehr, für ein ruhiges Plätzchen ist er ausgesprochen dankbar.

Herkunft Einem Tierheimhund eine zweite Chance zu bieten, kann für erfahrene Hundehalter und mit professioneller Hilfe zu einem Gewinn auf beiden Seiten werden. Da in den wenigsten Fällen der tatsächliche Abgabegrund bekannt ist, möchte ich Familien mit Kindern davon abraten.

Pflegeaufwand Wenn Sie mit einem Hund mit langem, weichem Fell liebäugeln, müssen Sie die tägliche Fellpflege und zusätzlich regelmäßig den Besuch beim Hundefriseur einkalkulieren.

Passt **ein kleiner Hund** zu mir?

Wenn Sie alle Fragen mit Ja beantworten, ist ein kleiner Hund das richtige Tier für Sie.

LEBENSDAUER	Bin ich bereit, für meinen Hund 15 Jahre lang zu sorgen, ihn zu erziehen und mit ihm gemeinsam zu leben?
AUFWAND	Habe ich ausreichend viel Zeit für Pflege, Gesundheitsvorsorge, Erziehung und mindestens drei Spaziergänge täglich?
ALLEINSEIN	Können Sie sicherstellen, dass der Hund nicht mehr als fünf Stunden täglich allein daheim verbringen muss?
FAMILIE	Sind alle Familienmitglieder mit der Anschaffung und der Auswahl speziell dieses Hundes einverstanden?
URLAUB	Ist die Ferienbetreuung geregelt?
KOSTEN	Kann ich Unterhalt und Extrakosten (Tierarzt) bezahlen?
WOHNUNG	Hat Ihr Vermieter der Haltung eines Hundes zugestimmt?!

Auswahl und Kauf

Einen Hund können Sie aus den unterschiedlichsten Quellen erwerben, kaufen Sie aber bitte nur, wenn diese seriös sind!

Welpe vom Züchter

Wenn Sie sich für eine bestimmte Rasse entschieden haben, sollten Sie sich einen in einem Zuchtverband organisierten Züchter suchen, der Welpen der von Ihnen gewählten Rasse anbietet. Besuchen Sie ihn mehrmals während der Aufzucht. Der Züchter sollte nur einen Wurf haben, denn nur dann sind die Welpen auf das Leben in der Menschenfamilie optimal vorbereitet und sozialisiert. Sie kennen alle Geräusche eines Haushalts, sind mit Kindern und Menschen vertraut und vielleicht bereits Auto gefahren. Solche Welpen können nicht billig sein. Aber wer am Welpenpreis spart, läuft Gefahr, einen mangelhaft geprägten, ängstlichen und kranken Welpen zu kaufen. Hohe Folgekosten sind so schon vorprogrammiert. Wenn Sie einen guten Eindruck vom Züchter haben, die Welpen gesund, munter, gepflegt und neugierig sind, und auch die Mutterhündin freundlich und offen wirkt, lassen Sie sich alle Impfungen, Entwurmungen, die Papiere und die Bestätigung der Chip-Kennzeichnung zeigen. Wo die Verhältnisse ungepflegt sind, dürfen Sie auch nicht aus Mitleid kaufen. Damit leisten Sie solchen Machenschaften Vorschub.

Hunde aus »zweiter Hand«

Wenn Sie sich entschlossen haben, einen Hund aus dem Tierheim zu sich zu nehmen, versuchen Sie, so viel wie möglich über sein vorheriges Zuhause herauszufinden. Fragen Sie im Tierheim oder in der Pflegestelle nach, welche Erfahrungen dort bereits mit dem Hund gemacht wurden.

Hunde in Not Viele Tierschutzorganisationen vermitteln Hunde aus Südeuropa. Ihr Sozialverhalten gegenüber Artgenossen ist fast immer unproblematisch, solange sie nicht angeleint sind – das Festgehaltenwerden macht sie unsicher. Die meisten mediterranen Hunde kennen Mülltonnen als Futterreservoir und jagen erfolgreich – bei uns ist ein solches Verhalten unerwünscht. Die Gefahr, einen Hund mit Mittelmeerkrankheiten aufzunehmen, ist außerdem groß (→ Seite 28) . Leider sind Tests, die bereits im Ursprungsland durchgeführt wurden, vielfach fälschlicherweise negativ, denn die Antikörper sind erst nach sechs Monaten nachweisbar. Hohe Behandlungskosten können die Folge sein.

Vorsicht Kaufen Sie nie einen Hund über Zeitungsannoncen, wenn dort von derselben Quelle verschiedene (Mode-)Rassen angeboten werden. Wahrscheinlich stammt er aus einer Massenzucht und hat bereits Schlimmes erlebt.

Hund aus dem **Web**

Einen Hund aus dem Internet auszusuchen, bedeutet, ihn auf sein Äußeres zu reduzieren. Bei der Beschreibung seines Wesens ist davon auszugehen, dass sie geschönt ist. Sie sollten den Hund mehrmals besuchen dürfen, je mehr Auskünfte Sie erhalten, umso besser. Lassen Sie sich, wenn es sich um einen Welpen handelt, unbedingt die Elterntiere zeigen!

GROSSE VERANTWORTUNG Welpenaufzucht ist für einen guten Züchter mit viel Zeit und Arbeit verbunden. Diese Sheltie-Welpen haben bereits in frühester Jugend ausreichend Gelegenheit, im Spiel gutes Sozialverhalten zu erlernen. Der Welpe links im Bild lernt gerade, dass er das Spielzeug nicht haben darf, wenn sein Geschwisterchen knurrt. Er lernt außerdem, dieses Drohen zu akzeptieren. Vermutlich wird er sich gleich einem anderen Spiel zuwenden.

VORBILD MUTTER Achten Sie beim Welpenkauf darauf, dass die Kleinen bis zur Abgabe an den neuen Besitzer bei der Mutter bleiben dürfen. Der Welpe sollte dann mindestens 8 Wochen alt sein. Lassen Sie sich immer das Muttertier zeigen und beobachten Sie ihr Verhalten: Es sollte ausgeglichen und freundlich sein. Wenn Welpen außerdem nicht nur im Haus, sondern auch im Garten aufwachsen, werden sie schneller stubenrein.

ANDERE HAUSTIERE Ein Welpe sollte viele Erfahrungen, auch mit anderen Tierarten, sammeln können. Wenn er sich früh damit auseinandersetzen kann, fördert das seine Intelligenz.

Alltag mit Hund

Endlich ist es so weit, und Ihr kleiner Hund – ob Welpe oder erwachsen – kann bei Ihnen einziehen. Wenn Sie für eine ausgewogene Ernährung, regelmäßige Pflege und eine konsequente Erziehung sorgen, steht einem gemeinsamen Leben, das Ihnen beiden viel Freude macht, nichts im Wege!

Willkommen zu Hause

Schon bevor Sie einen Hund bei sich einziehen lassen, sollten Sie alles, was er braucht, besorgen (→ Seite 22). Gehen Sie auch mit kritischem Blick durch die Wohnung und gestalten Sie sie »hundesicher«. Sind Reinigungsmittel und Medikamente sicher verstaut? Sind elektrische Kabel so verlegt, dass der Hund sie nicht ankauen kann? Weitere Gefahrenquellen, auf die Sie achten müssen, finden Sie auf Seite 21.

Im Auto unterwegs

Damit Ihr Hund wohlbehalten bei Ihnen ankommt, muss er auf der Fahrt ins neue Heim ausreichend gesichert werden. Dazu bieten sich eine Transportbox im Kofferraum oder ein spezieller Hundesicherheitsgurt auf dem Rücksitz an. Auf keinen Fall darf der Hund auf der Reise zu einem Verletzungsrisiko für Fahrer oder Insassen werden, wenn das Auto plötzlich abbremsen muss. Sie haften für alle dadurch verursachten Schäden! Für noch nicht stubenreine Welpen benötigen Sie zusätzlich eine Decke und eine wasserfeste Unterlage. Wichtig ist, dass gerade ein noch junger Hund entspannt die erste Fahrt ohne Geschwister und Mutter verbringt. Viele Welpen genießen die Fahrt auf dem Schoß eines Familienmitgliedes eher als in einer Transportbox. Fahren Sie deshalb mindestens zu zweit, um den Hund abzuholen, dann kann sich einer um den Welpen kümmern und ihm Ruhe vermitteln. Legen Sie auf der Fahrt regelmäßig Pausen ein. Wenn Sie auf einem Rastplatz aussteigen, wird der Hund angeleint; so kann er Ihnen nicht entwischen und desorientiert weglaufen. Geben Sie ihm die Möglichkeit, sich auf einem Rasenstück zu lösen und entfernen Sie seine Hinterlassenschaften mit einem Kotbeutel. Bieten Sie Ihrem Hund frisches

Wasser an. Auf Futter sollten Sie unterwegs verzichten, besonders Welpen erbrechen sich leicht bei einer Autofahrt. Achten Sie auch darauf, dass er keine Essensreste oder Zigarettenkippen erwischt.

Unterwegs mit Bus und Bahn

Eine Tragetasche bietet sich an, wenn Sie Ihren Hund mit öffentlichen Verkehrsmitteln abholen. Es gibt luftige Taschen für heiße Sommertage und mit Fell ausgekleidete für Wintertage. Ein kleiner Hund an der Leine kann leicht in der hektischen Betriebsamkeit eines Bahnhofes übersehen werden, ein Welpe noch viel eher. Gerade an Plätzen, an denen viele Menschen zusammenkommen, ist die Tasche daher die beste Lösung.

Eingewöhnung – leicht gemacht

Endlich daheim Wenn Sie zu Hause angekommen sind, zeigen Sie Ihrem Hund im Garten oder in Wohnungsnähe als Erstes einen Platz, wo er sich lösen kann. Anschließend darf er in aller Ruhe sein neues Reich inspizieren. Bieten Sie Ihrem neuen Familienmitglied auch etwas zu trinken und zu fressen an, danach sollte er sich noch einmal am schon bekannten Ort lösen können.

Die ersten Tage Zur Eingewöhnung Ihres Hundes sollten Sie sich ein paar Tage Urlaub nehmen. Natürlich freut sich die ganze Familie über das neue Mitglied, und alle wollen den neuen süßen kleinen Hund sehen. Bitte lassen Sie es trotzdem ruhig angehen. Lassen Sie Ihren Hund in der ersten Woche bei Ihnen »ankommen«. Vor allen Dingen soll er nicht ständig getragen und angefasst werden, wenn er im Körbchen Ruhe sucht. Junge Hunde brauchen noch viel Schlaf und ermüden rasch.

Solche Treppen sind gefährlich für kleine Hunde. Sie können vorn im Lochblech mit den Krallen hängen bleiben und sich diese abreißen.

Regeln schaffen Sicherheit

Legen Sie von Anfang an gemeinsam mit der ganzen Familie Regeln fest und hängen Sie diese für alle sichtbar an Ihre Pinnwand: Darauf steht, wenn der Hund nicht ins Bett darf, nichts vom Tisch haben soll, die Treppe getragen werden muss etc. Halten sich alle an diese Vorschriften, wird sich der Familienzuwachs schnell an den festgelegten Ablauf gewöhnen. Bei kleinen Hunden neigt man, gerade wenn sie jung sind, dazu, ihnen in der Eingewöhnungsphase etwas durchgehen zu lassen. Damit tun Sie dem Kleinen aber keinen Gefallen: Regeln geben ihm Halt, und konsequent erzogen ist ein kleiner Hund eine Freude für alle. Wenn der Neuling sich nach einer Woche in seinen eigenen vier Wänden schon besser auskennt, können Sie ihn auch mit anderen Dingen vertraut machen: Nehmen Sie ihn mit zu Freunden, empfangen Sie Gäste oder besuchen Sie eine Hundeschule bzw. eine Welpenspielstunde.

Name Trägt Ihr Hund bereits einen Namen, der Ihnen gefällt? Nennen Sie ihn immer so, dann hat er ihn schnell verstanden. Wenn Ihr Hund Tobi heißt, so rufen Sie ihn nicht Tobilein, Tobichen oder Klein-Tobi. Sonst lernt Tobi seinen Namen nie!

Fütterung Das Futter soll zunächst noch das vom Züchter oder Vorbesitzer gegebene sein. Bei Junghunden müssen Sie ab dem sechsten Monat das Welpenfutter durch Futter für erwachsene Hunde ersetzen. Eine Futterumstellung sollte immer langsam erfolgen (→ Seite 24/25).

Möglichst rasch sauber Wenn der kleine Hund noch nicht stubenrein ist, müssen Sie nach dem Fressen, Schlafen und Spielen immer mit ihm hinausgehen und ihn dorthin bringen, wo er sich lösen darf. Viele Hunde nehmen ein Rasenstück oder den Bereich unter Büschen, wo sich altes Laub angesammelt hat, gern als »Örtchen« an.

In einer Stadtwohnung können Sie dem jungen Hund anfangs eine Katzentoilette anbieten, allerdings würde ich von dieser Lösung abraten, denn er wird dann viel langsamer stubenrein. Außerdem gehört es zu den Grundbedürfnissen von Hündinnen und Rüden, ihr Revier mit ihren Hinterlassenschaften zu markieren und ausgiebig die Markierungen anderer Hunde zu beschnüffeln; dies sollten Sie Ihrem Familienzuwachs nicht verweigern, weil Sie zu bequem oder in Eile sind.

Unterwegs Verhindern Sie auf Spaziergängen, dass Ihr Hund alles in den Mund nimmt (→ Seite 28/29). Vor allem Steinchen sind tabu, die könnten den Zahnschmelz verletzen. Lassen Sie ihn auch keinen Schnee fressen, das kann eine Magenschleimhautentzündung verursachen.

Tierarzt Vereinbaren Sie einen Vorstellungstermin bei Ihrem Tierarzt, damit sich beide in entspannter Situation kennenlernen können (→ Seite 28).

Achtung, Verletzungsgefahr!

TIPPS VON DER HUNDE-EXPERTIN
Susanne Müller-Rielinger

Unfälle sind schnell passiert. Machen Sie sich deshalb bewusst, welche Gefahren in Ihrem bisher hundelosen Haushalt lauern können!

OFFENE TREPPE Ihr kleiner Hund ist wie ein kleines Kind: Gerade bei glatten Belägen kann er ausrutschen und die Stufen hinunterstürzen. Ähnlich gefährlich sind Lochbleche, darin können sich die Krallen verhaken und abreißen.

BETTKASTEN Hinein kommen kleine Hunde immer – aber manchmal nicht mehr heraus. Eine solche Situation ist besonders gefährlich, wenn der Hund im Sommer allein ist; dann drohen Panik und Kreislaufkollaps.

EINGEKLEMMT Engstellen hinter und neben Möbeln sind besonders tückisch, wenn diese eine Biegung haben. Der kleine Hund kommt dann nicht einfach rückwärts wieder heraus.

BALKON Der Hund kann abstürzen, wenn er sich durch das Gitter zwängt. Beim Anblick einer Katze auf der Straße vergessen gerade jagdlich passionierte Gesellen, wo sie sich gerade befinden.

Grundausstattung fürs neue Zuhause

Was braucht der kleine Hund fürs Erste? Auf diesen Seiten sind alle wichtigen Dinge, die Sie möglichst schon vor dem Einzug des neuen Mitbewohners besorgen sollten, für Sie zusammengestellt …

Schlafplatz Ihr kleiner Hund braucht einen eigenen ruhigen Rückzugsort. Ideal ist ein Körbchen aus Hartplastik, Weidenkörbchen werden anfangs gern zerlegt. Kleiden Sie den Korb mit einer weichen, waschbaren Decke, die Sie mit einem Kopfkissenbezug beziehen können, aus. Gerade kleine Hunde schlafen manchmal auch gern an einem höhlenähnlichen Ort. Dort fühlen sie sich sicher und geborgen. Um ihm diese Möglichkeit zu bieten, können Sie ein Hundehaus fürs Zimmer anschaffen oder die Box, die Sie schon für den Transport genutzt haben, verwenden. Die Transportbox sollte allerdings so groß sein, dass der Hund sich bequem darin drehen und aufrecht darin stehen kann. In einem Haushalt mit Kindern ist eine Transportbox meist die beste Möglichkeit, dem Kleinen einen Rückzugsplatz zu gewährleisten. Gewöhnen Sie Ihren Hund langsam daran, indem Sie den oberen Lüftungsdeckel offen lassen und ihn darin füttern bzw. ihm sein Lieblingsspielzeug hineinlegen. Hat er die Box akzeptiert, legen Sie den Deckel auf, die Tür bleibt weiterhin offen!

Dieser Dackel kann schon an der Leine gehen, ohne zu ziehen. Er darf deshalb ein Halsband mit kleinem Karabiner tragen.

Zwei Näpfe Für sein Futter und sein Wasser besorgen Sie je ein Näpfchen aus Steingut oder Edelstahl. Wichtig ist, dass sie sich gut spülen bzw. im Geschirrspüler reinigen lassen. Hunden mit Schlappohren sollten Sie Ihre Futterschale in einen erhöhten Ständer stellen, damit die Ohren beim Fressen nicht verschmutzen.

Brustgeschirr Kaufen Sie Ihrem Welpen ein Brustgeschirr, bei sehr kleinen Hunden werden Sie eventuell in der Katzenabteilung fündig. Da kleine Hunde mit ihrem Bauch nah am Boden sind, kann sich leicht Schmutz zwischen Geschirr und Fell sammeln, daher sollten Sie auf eine gute Passform achten. Die Öse am Brustgeschirr, in die der Karabiner der Leine eingehakt wird, darf nicht auf der Wirbelsäule

Der Bezug des Hundekissens sollte leicht waschbar sein. Sie können es auch zusätzlich mit einem Kopfkissenbezug überziehen.

Dieses Hundehaus ist wie eine Höhle. In einer ruhigen Zimmerecke aufgestellt, bietet es einem kleinen Hund Sichtschutz und gibt ihm Sicherheit.

des Hundes liegen. Bei jedem Schritt würde sonst der Karabinerhaken auf die Wirbelsäule wippen und irgendwann Schmerzen verursachen.

Halsband Erst wenn der Kleine gelernt hat, an der lockeren Leine zu gehen, ist das Tragen eines Halsbands empfehlenswert. Durch Ziehen an der Leine wird nämlich Druck auf das Halsband ausgeübt, was die darunter liegende empfindliche Schilddrüse und den Kehlkopf stark beeinträchtigt. Das Halsband muss gut sitzen, damit der Welpe nicht herausschlüpfen kann, und darf nicht zu schmal sein. Manche Welpen kratzen sich anfangs am Halsband und empfinden es als störend. In diesem Fall können Sie den oberen Teil einer alten Tennissocke etwa zwei Zentimeter breit abschneiden und Ihrem Welpen als Halsschutz unters Halsband anziehen.

Leine Eine Leine aus Leder oder Synthetik für kurze Wege bzw. eine Rollleine gehören ebenfalls zur Grundausstattung. Achten Sie auf kleine leichte Karabiner zum Einhängen an Halsband oder Brustgeschirr, große können auf Dauer schmerzen!

Bürste und Co. Langhaarige Hunde müssen Sie täglich pflegen, dafür brauchen Sie Bürste und Flohkamm, für draht- und rauhaarige Rassen zusätzlich ein grobes Trimmmesser bzw. einen feinen Trimmkamm. Das Handling zeigt Ihnen Ihr Züchter sicher gern. Groben Schmutz entfernen Sie gleich nach dem Spaziergang mit einem alten Handtuch, das an der Haustür bereitliegt.

Spielzeug Vom Spielzeug dürfen sich keine Materialien lösen lassen (Augen, Knöpfe). Ein ideales Material ist Naturkautschuk: Daraus können kleine Hunde nichts herausbeißen (→ Seite 57).

Kleidung Im Winter ist ein Mäntelchen wichtig für kurzhaarige Rassen und Hunde mit seidigem Fell. Sie frieren bei Regen oder Kälte besonders leicht.

Beförderung Eine Tragetasche speziell für Hunde ist auf längeren Touren zu Fuß hilfreich. Verhätscheln Sie Ihren Hund aber nicht und lassen ihn nicht zu oft in der Tasche, weil Sie beispielsweise befürchten, dass Ihr Hund nicht gehorcht. Erziehungsprobleme werden so nur aufgeschoben.

Kleine Hunde richtig ernähren

Der Urahn unserer Hunde, der Wolf, ernährt sich vor allem von Fleisch. Pflanzliche Bestandteile nimmt er zusätzlich zu sich, wenn er Darm- und Mageninhalt seiner Beutetiere frisst. Auch das Futter Ihres Hundes sollte sowohl tierische wie pflanzliche Komponenten enthalten.

Das können Sie füttern

Trockenfutter Industriell hergestelltes Futter ist ausgewogen und versorgt heranwachsende wie ausgewachsene Hund mit allen wichtigen Mineralstoffen und Spurenelementen. Geben Sie ihm die Futterpellets immer mit ausreichend viel Wasser, denn es quillt im Magen auf das Vielfache auf. Idealerweise weichen Sie das Trockenfutter ca. eine Minute in Wasser ein. Wenn Ihr Hund das nicht mag, geben Sie so viel Wasser oder ungesüßten Möhrensaft (ohne Zitronensaft) über das Futter, bis es bedeckt ist, und reichen es dem Hund so.

Leckerchen – selbst gemacht

Leckerchen sollen klein und weich sein, damit sie schnell abgeschluckt werden können. Sie sollen gut riechen, und der Hund muss sie mögen. Sie können diese kleinen Belohnungshappen auch ganz einfach selbst herstellen!

ZUTATEN 150 g Weizen-Vollkornmehl, 3 EL Vollmilch, 1 Eigelb, 1 pürierte Banane

SO GEHT'S Alles mischen, erbsengroße Kugeln formen. Bei 150 ° im Backofen 10 Min. backen.

Dosenfutter Auch hier sind alle notwendigen Nahrungsbestandteile enthalten, die Fütterungsempfehlung des Herstellers bezüglich der Größe/ des Gewichts des Hundes und der entsprechenden Futtermenge sollten Sie unbedingt beachten.
Selbst kochen Hunde mögen gern Selbstgekochtes – ungewürzt und salzarm zubereitet, allerdings ist für Sie ein gewisser Aufwand damit verbunden. Verteilen Sie die Tagesration auf zwei Mahlzeiten. Die Nahrung sollte zu 50 Prozent aus Fleisch von Rind, Huhn, Pute, Pferd oder Lamm bestehen. Reichen Sie nicht nur Muskelfleisch, sondern auch Innereien, Sehnen und Fett. Dieses tierische Fett ist wichtig, es darf bis zu zehn Prozent der Tagesration betragen, pflanzliches Fett dagegen belastet die Nieren. Die restliche Tagesration füllen Sie auf mit Nudeln, Reis und Gemüse wie Karotte und Zucchini. Der Getreideanteil darf zehn Prozent nicht übersteigen. Wollen Sie Ihren Hund mit Selbstgekochtem füttern, informieren Sie sich beim Tierarzt über Nahrungsergänzungsmittel, um eine Unterversorgung mit Mineralstoffen zu vermeiden.
Leckerchen Belohnungshappen brauchen Sie für die Erziehung Ihres Hundes (→ Tipp, links). Gern werden kleine Stückchen Scheibenkäse oder Fleischwurst akzeptiert. Auch Leckerchen können dick machen, also bitte maßvoll geben!
Trinken Wasser sollte stets zugänglich sein und immer frisch angeboten werden. Im Sommer können Sie im Garten eine zusätzliche Tränke aufstellen. Nehmen Sie auf Spaziergänge eine kleine Wasserflasche mit Spender mit. Langhaarige, agile Hunde benötigen im Sommer viel mehr Wasser als in der kalten Jahreszeit – sie schwitzen viel.

1 MATERIAL Kauspielzeug darf nicht aus PVC bestehen. Wenn der Hund Stücke daraus herausbeißt und verschluckt, besteht Lebensgefahr.

2 TROCKENFUTTER Achten Sie darauf, das Ihr Hund das Trockenfutter mit ausreichend viel Wasser erhält. Damit er genug trinkt, können Sie sein Futter auch darin einweichen.

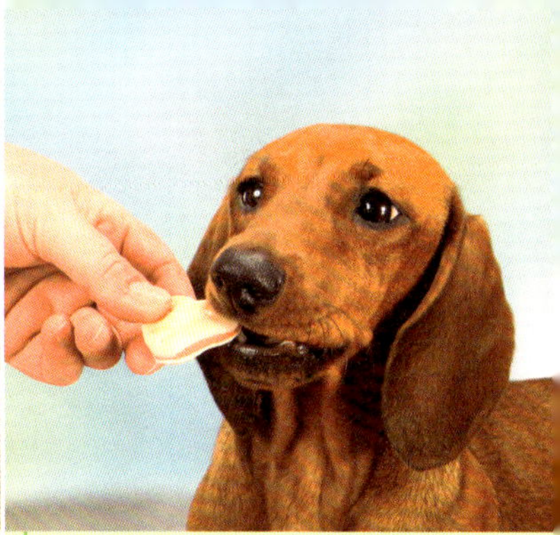

3 LECKERCHEN Hundekekse schmecken gut! Ziehen Sie die Kalorien von der Tagesration ab, damit Ihr Kleiner nicht zunimmt.

Richtiges Füttern

Halten Sie sich streng an die Mengenempfehlung des Futterherstellers, jedes Gramm zu viel Gewicht belastet nachhaltig Bänder, Sehnen und Gelenke Ihres kleinen Lieblings.

› Füttern Sie Ihren Hund nie vor körperlichen Aktivitäten, sondern immer erst danach.

› Stellen Sie die Futterschüssel nach zehn Minuten weg. Was der Hund dann nicht gefressen hat, war zu viel. Es empfiehlt sich, morgens die Tagesration abzuwiegen und in einem Behälter zu bevorraten.

› Lassen Sie Ihren kleinen Hund nach dem Fressen mindestens eine Stunde ruhen.

› Wenn Sie Ihren Hund mit Leckerlis belohnen, ziehen Sie diese Kalorien von der Tagesration ab.

› Ganz junge Welpen brauchen viermal täglich Futter, ab dem vierten bis sechsten Monat dreimal täglich. Trotz genauer Einhaltung der Fütterungsempfehlung kann es vorkommen, dass Ihr Welpe mal weniger hungrig ist oder auch mal einfach nicht richtig satt zu werden scheint. Das ist aber normal.

› Füttern Sie auch den erwachsenen Hund seiner Gesundheit zuliebe zweimal täglich, morgens und abends. Auch wenn er morgens nicht viel essen mag, ist es doch besser, mehrere kleine Portionen zu geben als eine Riesenmahlzeit einmal am Tag. Es kann sein, dass Ihr Hund sich nach einer ausgiebigen Trockenfutterration am Abend nachts nochmal lösen muss. Dieses Problem können Sie in den Griff bekommen, indem Sie morgens Trockenfutter geben und abends auf Dosenfutter oder Selbstgekochtes umsteigen, das wird schneller verdaut.

Kauen muss sein

Besonders junge Hunde brauchen etwas zum Kauen und Herumbeißen. Bei Stöcken, rohen oder gekochten Knochen ist die Unfallgefahr zu hoch. Unbedenklich und hygienisch sind Kauartikel aus Naturkautschuk. Achten Sie auch darauf, dass sie keine Farb-, Aroma- oder Konservierungsstoffe enthalten, die möglicherweise Allergien auslösen können. Kauartikel sind nicht nur zur Zahnpflege wichtig, intensives Kauen wirkt auch beruhigend. Geben Sie Ihrem kleinen Hund in besonderen Situationen etwas zum Kauen, etwa wenn Sie kurz weggehen, dann ist er in dieser Zeit beschäftigt.

Gesund und gepflegt

Jeder kleine Hund muss regelmäßig gepflegt werden, um Krankheiten vorzubeugen bzw. beginnende Veränderungen früh zu entdecken: Das Tier soll die Pflege als entspannend empfinden, lassen Sie sie deshalb auf Augenhöhe stattfinden. Legen Sie zu diesem Zweck eine Decke auf den Boden und hocken sich neben Ihren Hund oder heben Sie ihn auf einen Tisch mit rutschfester Unterlage.

Fell Je nach Fellart muss die Pflege mindestens einmal wöchentlich, bei langhaarigen Hunden täglich erfolgen. Machen Sie dafür zunächst den Hund mit der Bürste bzw. dem Kamm vertraut. Wenn er daran schnüffelt, loben Sie ihn. Halten Sie ihn fest und bürsten Sie ihn einmal. Wenn er sich ruhig verhält, wird er gelobt. Einen unruhigen Welpen sollten Sie zunächst abends, wenn er müde und satt ist, an das Bürsten gewöhnen. Entlassen Sie Ihren kleinen Hund immer erst aus der Situation, wenn er sich ruhig verhält. Untersuchen Sie regelmäßig das Fell auf Milben, Flöhe, Läuse oder Pilzbefall. Kratzt

Im Frühjahr und Herbst verliert der Hund besonders viele Haare. Bürsten Sie ihn in dieser Zeit besonders oft, dann wird die Haut gut durchblutet, und der Fellwechsel vollzieht sich schneller.

sich der Hund, sollten Sie speziell an diesen Stellen nachsehen. Spreizen Sie dazu das Fell auseinander und schauen Sie sich die Haut an den Stellen an, an denen sich der Hund vornehmlich juckt oder leckt. Alle Hautveränderungen müssen vom Tierarzt begutachtet werden. Langhaarige Rassen müssen Sie regelmäßig zum Hundefriseur bringen, wenn das Fell zu lang wird. Es kann sonst verfilzen oder beispielsweise Augenentzündungen hervorrufen.

Augen Reinigen Sie die Augen täglich mit einem weichen sauberen Tuch und achten darauf, dass sie nicht tränen oder gerötet sind. Im Frühjahr haben gerade kleine Terrier häufig tränende Augen durch Pollen oder gespritzte Felder. Reinigen Sie daher nach jedem Spaziergang mit einem feuchten Waschlappen den Gesichtsbereich.

Zähne Auch Zähneputzen ist für kleine Hunde Pflicht, denn oft bleiben hier Speisereste hängen, die Zahnstein und Entzündungen hervorrufen.

Ohren Das äußere Ohr (nicht der Gehörgang!) wird wöchentlich mit einem Tuch gereinigt.

Krallen Schauen Sie regelmäßig nach der Länge der Krallen und schneiden Sie sie bzw. lassen sie vom Tierarzt oder Hundefriseur schneiden.

Nach dem Spaziergang

Zu Hause angekommen werden beim Pfotensäubern die Ballen und die Zwischenzehenhaut kontrolliert. Risse oder Rötungen fallen dann ins Auge, eventuell müssen Sie den Tierarzt konsultieren.

Zeckenbefall Checken Sie von Frühjahr bis Herbst, ob sich eine Zecke in der Haut festgesogen hat. Drehen Sie sie sofort mit einer Zeckenzange heraus. Je eher sie entfernt wird, desto geringer ist die Wahrscheinlichkeit einer Übertragung schwerer Krankheiten wie Borreliose, Babesiose (Hundemalaria) oder FSME.

Wichtige **Gesundheitsmerkmale**

MERKMAL	SO SOLL ES SEIN
ATMUNG	Der Hund ist nicht kurzatmig oder ungewöhnlich matt, er hustet nicht.
FRESSEN	Der erwachsene Hund trinkt und frisst nicht ungewöhnlich viel oder wenig.
VERDAUUNG	Der Stuhl ist geformt, der Hund löst sich ohne Probleme und hat keine erkennbaren Schmerzen beim Wasserlassen.
HAUT	Sie ist frei von schorfigen, rissigen oder wunden Stellen. Keine festgesaugte Zecke ist sichtbar.
PFOTEN	Es finden sich keine Risse, Dornen oder Splitter im Ballen, die Zehenzwischenräume sind nicht gerötet, die Krallen sind nicht zu lang.
GESICHT	Die Augen sind klar, die Ohren sind sauber sowie ohne Verkrustungen und Rötungen. Die Nase ist frei von Sekret.
MAUL	Zahnstein ist nicht erkennbar, das Zahnfleisch ist rosa, Absplitterungen und Verfärbungen der Zähne sind nicht sichtbar.
FELL	Das Fell ist glänzend und sauber sowie frei von Parasiten. (Flöhe sind als kleine schwarze Punkte, Läuse als gelblich braune Punkte im Kamm sichtbar.)
SCHEIDE	Es zeigt sich kein Ausfluss.

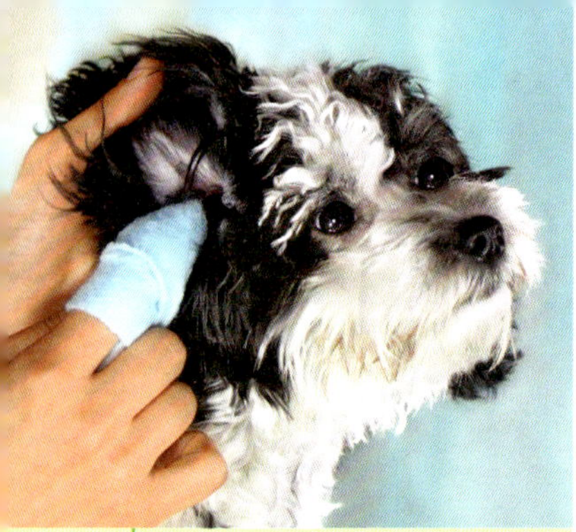

1 OHR Mit einem weichen Tuch reinigen Sie das äußere Ohr. Achten Sie bei langhaarigen Hunden auf Verfilzungen. Mit Kämmen beugen Sie diesen vor.

2 GESICHT Viele Hunde genießen die Reinigung ihres Gesichts mit dem weichen Tuch. Nachdem die Augen sauber sind, können Sie ihm ruhig die Lefzen massieren.

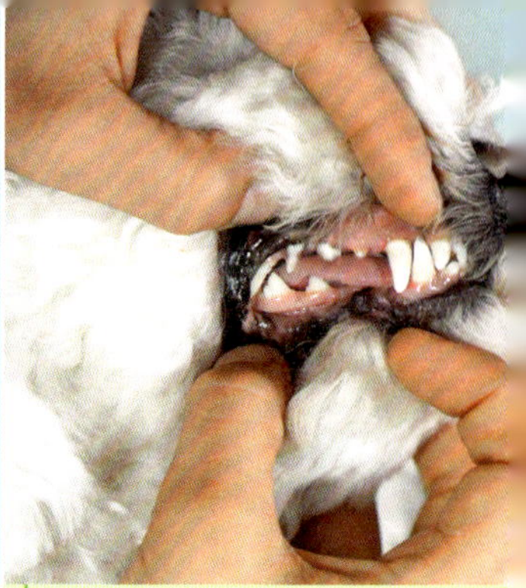

3 ZÄHNE Hunde kleiner Rasse neigen zu Zahnfehlstellungen. Regelmäßige Zahnkontrolle und -pflege mit spezieller Zahncreme ist wichtig.

So bleibt Ihr Kleiner gesund

Stellen Sie Ihren Hund möglichst bald Ihrem Tierarzt vor. Wenn er ein Leckerchen bekommt, wird er ihn mit etwas Positivem verbinden. Sie erfahren auch, was in einem Erste-Hilfe-Kasten für den Hund sein sollte – Verbandsmull, Fieberthermometer, Zeckenzange und Rescue-Tropfen gehören auf jeden Fall dazu –, und lassen Sie sich eine Liste giftiger Pflanzen und Früchte (→ Seite 62) geben.

Impfung Wenn Sie Ihren Hund übernehmen, sollte die Grundimmunisierung abgeschlossen sein, damit er mit Artgenossen spielen kann und ein Ansteckungsrisiko gegenüber schweren Erkrankungen ausgeschlossen wird. Alle Impfungen, die der Hund bereits erhalten hat, sind in einem Impfausweis dokumentiert. Anhand dieses Impfpasses wird Ihr Tierarzt gegebenenfalls eine Empfehlung zur Impfauffrischung geben. In Deutschland werden zurzeit Impfungen gegen Staupe, Parvovirose, und Hepatitis empfohlen. Zusätzlich ist ein Impfschutz gegen Zwingerhusten und Leptospirose angeraten, wobei hierbei keine Garantie besteht, dass sich ein geimpfter Hund nicht doch ansteckt. Eine Tollwutschutzimpfung kann nicht vor dem dritten Lebensmonat erfolgen, diese ist Voraussetzung, wenn Sie Ausstellungen oder Prüfungen besuchen wollen.

Chippen nicht vergessen Lassen Sie Ihrem Hund einen Chip implantieren, die Chip-Nummer können Sie im zentralen Haustierregister eintragen lassen(→ Seite 62). Sie erhalten dann eine Marke, die der kleine Hund ans Halsband bekommt. So kann er Ihnen immer zugeordnet werden, falls er einmal weggelaufen sein sollte. Dieser Chip ist auch die Voraussetzung für den EU-einheitlichen Heimtierausweis, der auf Reisen mit dem Tier im europäischen Ausland mitgeführt werden muss.

Reisekrankheiten Einen Hund mediterranen Ursprungs sollten Sie sechs Monate nach seiner Ankunft in Deutschland auf die sogenannten Reisekrankheiten untersuchen lassen. Erst danach sind Sie sicher , dass er keine der gefürchteten Mittelmeerkrankheiten hat.

Entwurmen Im Haushalt mit Kindern soll der Hund mindestens viermal im Jahr entwurmt werden. Jagt Ihr Hund Mäuse und frisst sie auch, muss diese Maßnahme in kürzeren Abständen erfolgen.

Patient Hund

Sobald Ihr Hund sich anders verhält als sonst, sich übergibt oder Durchfall hat, fiebert (über 39,5 °C), ohne erkennbaren Grund ruhiger ist als sonst, nicht spielen mag, oder plötzlich sehr ängstlich ist, sollten Sie nicht zögern, zum Tierarzt zu gehen. Außerdem sollten Sie in der Lage sein, Temperatur und Puls bei Ihrem Tier zu kontrollieren.

Temperatur Messen Sie im After mit einem speziellen Veterinär-Fieberthermometer, dessen Messdauer nur zehn Sekunden beträgt. Mit ein wenig Vaseline auf der Spitze ist es leicht einzuführen.

Puls Messen Sie am liegenden Hund, mit dem Finger an der Innenseite des Hinterbeins nahe der Leiste. Bei kleinen Hunden beträgt die normale Frequenz 80 bis 120 Schlägen pro Minute, alle abweichenden Werte bedürfen tierärztlicher Klärung.

Atem In Ruhe beträgt die normale Frequenz 12 bis 24 Züge pro Minute.

Auffällige Symptome

- Häufiges Kratzen kann auf eine Allergie hindeuten, die stresst und das Verhalten beeinflusst.
- Wiederholtes Kopfschütteln kann auf einen Fremdkörper im Gehörgang hindeuten, der vom Tierarzt entfernt werden muss.
- Wenn Ihr Hund sich nicht bewegen will, der Bauch trommelartig aufgebläht ist und er stark speichelt, muss er sofort zum Tierarzt. Diese Anzeichen einer Magendrehung sind ein Notfall!
- Ein Husten kann sich trotz Impfung als Zwingerhusten herausstellen, der unbehandelt lebensbedrohlich sein kann.

In den Genen verankert

Manche Rassen besitzen eine genetische Disposition für bestimmte Krankheiten. Bei einigen kleinen Hunderassen ist eine Einengung des Wirbelkanals möglich, bei anderen wiederum sind bestimmte

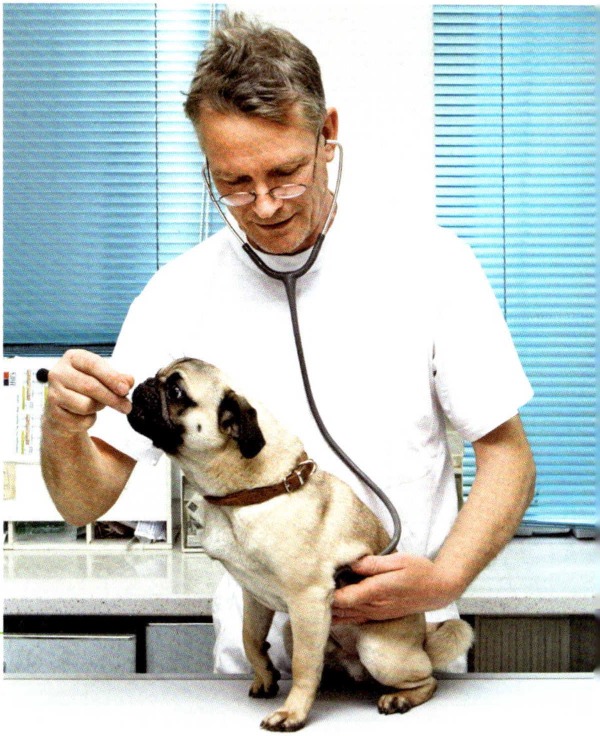

Erhält Ihr Kleiner vom Tierarzt ein Leckerchen, bleibt ihm die Untersuchung in angenehmer Erinnerung. Wenn er jammert, sollten Sie ihn nicht streicheln.

Augenkrankheiten verbreitet. Für Dackel typisch ist eine Herzerkrankung, die meist erst bei Tieren ab dem mittleren Alter auftritt. Sie entwickelt sich über viele Jahre, und zwar so schleichend, dass man als Halter anfangs oft gar nichts bemerkt.
Junghunde und Welpen von verschiedenen Terrier-Rassen sowie Malteser, Zwergpudel und Zwergdackel können dagegen von einer vererbten Lahmheit eines Hinterbeins (Legg-Calve-Perthes) betroffen sein. In diesen wie auch in allen anderen Fällen gilt: Sobald Ihr Hund sich anders verhält als sonst, vor allem wenn er kurzatmiger wird, besprechen Sie das mit Ihrem Tierarzt!

Krankenpflege

Wenn Ihr Tierarzt Medikamente verordnet hat, sollten Sie wissen, wie die Eingabe zügig und sanft vonstattengeht. Je länger die Prozedur dauert und je unsicherer der Mensch sich dabei anstellt, desto mehr stemmt sich ein kleiner Hund dagegen. Seien Sie also immer gelassen und denken Sie in erster Linie an den Behandlungserfolg.

Flüssige Medikamente können Sie mit einer Spritze ohne Kanüle direkt ins Maul geben.

Eingabe von Tabletten Muss Ihr Hund Tabletten einnehmen, sollten Sie die Prozedur mit etwas Schmackhaftem beenden.

› Setzen Sie sich neben Ihren kleinen Hund oder stellen Sie ihn auf einen Tisch, halten Sie mit der einen Hand den Kopf des Hundes etwas hoch.

› Halten Sie den Oberkiefer hinter den Fangzähnen auf, während die andere Hand die Tablette auf die Zungenwurzel legt.

› Schließen Sie den Mund des Hundes und massieren Sie seine Kehle, damit er abschluckt. Sobald er das getan hat, loben Sie ihn und geben Sie ihm ein Leckerchen zur Belohnung.

Einflößen von Säften Wenn Sie Ihrem Hund flüssige Medikamente geben müssen, benutzen Sie eine Einwegspritze aus Plastik ohne Kanüle. Spritzen Sie die Flüssigkeit auf die Zunge, wobei der Hundekopf nicht zu stark nach hinten gebeugt sein darf, sonst verschluckt sich der Hund.

Augentropfen Halten Sie Ihren Hund fest und streicheln Sie ihn am Kopf, spreizen Sie mit Daumen und Zeigefinger die Augenlider leicht auseinander. Bringen Sie mit der anderen Hand die Augentropfen ein.

Ohrentropfen Die Ohrspitze wird bei Tieren mit Hängeohren über den Kopf auf die andere Seite geklappt, während der kleine Hund von einem Helfer festgehalten und beruhigt wird. Die Tropfen werden in den Ohrkanal eingeträufelt und anschließend durch Massieren unterhalb des Ohres im Gehörgang verteilt. Auf keinen Fall darf der kleine Hund hinterher seinen Kopf schütteln, sonst fliegen die Tropfen sofort wieder raus.

Häufige **Hundekrankheiten**

ANZEICHEN	WEITERE SYMPTOME	EVENTUELLE ERKRANKUNGEN
KRATZEN AN DEN OHREN	Kopf schief halten, Kopf schütteln, unangenehmer Geruch im Ohr	Bakterien, Pilze, Ohrmilben, Fremdkörper im Ohr
TRÄNENDE AUGEN	Sekret um die Augen, Blinzeln, Rötung, Schwellung des Auges	Verletzung oder Reizung der Hornhaut, Allergie, Entzündung
STARKES HECHELN	Unruhe, speichelt, Würgen ohne Erbrechen	Magendrehung absoluter Notfall!
ERBRECHEN	berührungsempfindlicher Bauch, Blut im Speichel	Futtermittelallergie, Vergiftung Parasiten
TRINKT VIEL	Häufiges Wasserlassen, stumpfes Fell Fieber	Kortison-Überschuss, Nierenschaden, vereiterte Gebärmutter, Diabetes
HUSTEN	schnell erschöpft, Schwellung der Hinterbeine, Unruhe, Nasenausfluss, Fieber	Herzschwäche, Mandel-, Rachen-, Kehlkopfentzündung (Zwingerhusten)
JUCKREIZ	Rötung, Hautentzündung	Futtermittelallergie, Parasiten, Zeckenbiss
HAUTRÖTUNG	Schuppenbildung, nässende Stellen, Entzündung in der Hautfalte	Demodex-Milben, Schilddrüsen-Unterfunktion, Pyodermie (juckender Ausschlag)
TASTBARE SCHWELLUNG	Schmerz bei Berührung	Abszess, Tumor
ABMAGERN	Heißhunger, chronischer Durchfall	Bauchspeicheldrüsenerkrankung, Diabetes
TAUMELN	Desorientiertheit, Hecheln	Schock, Hitzschlag, Kreislaufkollaps
DURCHFALL	Ungeformter wässriger Kot, Blut im Kot	Parasiten, Futtermittelallergie, Vergiftung Verdauungsstörung
BEWEGUNGS-SCHMERZEN	Aufgekrümmter Rücken, kann nicht mehr stehen, berührungsempfindlich im Kreuz	Dackellähme, Bandscheibenvorfall
LECKEN DER ANALREGION	Ständiges Rutschen auf dem Hinterteil (»Schlittenfahren«)	Analbeutelverstopfung, Würmer
KOTABSATZ-SCHWIERIGKEIT	Große Schmerzen, Blut auf dem Kot	Analbeutelentzündung, Analfisteln, Verstopfung, Prostatavergrößerung

Kommt zu einem Anzeichen mindestens eines der Symptome hinzu, müssen Sie sofort zum Tierarzt.

Nachwuchs – ja oder nein?

Hundezucht ist eine verantwortungsvolle Aufgabe: Die Auswahl der richtigen Elterntiere, der Ausschluss von vererbbaren Krankheiten, die optimale Aufzucht und Prägung der Welpen kann nicht hoch genug wertgeschätzt werden – diese Aufgabe sollte man deshalb nur Züchtern überlassen. Lassen Sie Ihre Hündin daher keinesfalls decken. Um unerwünschten Nachwuchs zu verhindern, sollten Sie über das Geschlechtsverhalten Ihres Hundes in den Grundzügen Bescheid wissen.

Läufigkeit erkennen

Kleine Hunde sind früher geschlechtsreif als große. Hündinnen kleiner Rasse können bereits mit sechs Monaten ihre erste Hitze erleben, sie stellt sich ab da alle sechs bis neun Monate ein; die Rüden sind in etwa dem gleichen Alter zeugungsfähig. Die beginnende Läufigkeit der Hündin erkennen Sie an der vergrößerten Scheide und an den austretenden Blutstropfen. Sie ist jetzt hochinteressant für Rüden, wehrt diese jedoch noch ab.

Manche Hündin ist so reinlich, dass erst das Interesse des Rüden eine Läufigkeit anzeigt. Verhindern Sie, dass er aufsteigt!

Vorsicht in der »heißen« Phase

Erst in der Phase der Brunst lässt sich die Hündin vom Rüden decken. Diese fruchtbare Phase liegt 4 bis 14 Tage nach dem Entdecken der ersten Blutstropfen und hält 4 bis 14 Tage an. Sie erkennen diese Periode an dem jetzt helleren Ausfluss. In der Hitze ist die Hündin oft sehr verschmust, auf Gehorsamsübungen hat sie wenig Lust.

Wenn eine Hündin heiß ist, wissen das alle Rüden der Nachbarschaft! Lassen Sie in dieser Zeit Ihre Hündin keinesfalls von der Leine. Die Verpaarung einer kleinen Hündin mit einem großen Rüden ist lebensgefährlich für die Hündin, denn die Welpen werden zu groß. Wenn Sie einen Rüden besitzen und wissen, dass eine Hündin in der Nachbarschaft läufig ist, lassen Sie ihn besser nicht von der Leine und prüfen Sie, ob Ihr Gartenzaun dicht ist. Mancher Rüde hat sich schon liebestoll unter dem Gartenzaun durchgebuddelt.

Kommt es doch zu einem Deckakt zwischen Rüde und Hündin, so sollten Sie mit Ihrem Tierarzt möglichst schnell die Möglichkeit einer »Pille danach« sowie deren Nebenwirkungen erörtern.

Die Zeit danach

Nach der Hitze wirkt die Hündin meist müde, sonst mit Begeisterung begrüßte Spaziergänge werden gelangweilt absolviert. Diese anschließende Rückbildungs- und Regenerationsphase zieht sich über eine Periode von neun bis zwölf Wochen hin. Viele Hündinnen werden scheinschwanger, ihr Gesäuge schwillt an, manchmal tritt Milch aus. Die Hündin baut ein Nest und verschleppt als Welpenersatz ihr Spielzeug. Ergeben sich gesundheitliche Komplikationen, sollten Sie mit Ihrem Tierarzt die Möglichkeit einer Kastration in Betracht ziehen.

Kastrieren – was ist das?

Hündin Die Kastration wird unter Vollnarkose vorgenommen, bei dem Eingriff werden nur die Eierstöcke entfernt. Danach wird sie nie mehr läufig.
Rüde Beim männlichen Hund wird bei der Kastration der Samenstrang durchtrennt und die Hoden entfernt. Ist Ihr Rüde unter zwei Jahre alt, dann werden Sie nach ca. sechs Wochen bemerken, dass er sich in puncto Rüpeleien und Streunen zum Positiven verändert. Bei älteren Rüden sind Verhaltensveränderungen nicht so deutlich.

Warum sollte kastriert werden?

Wenn ein Hund aus medizinischen Gründen kastriert werden muss, so sollten Sie nicht zögern, das zu tun! Eine Kastration aus anderen Gründen sollten Sie sich aber sehr genau überlegen, denn jede Kastration ist eine großer Eingriff. Wird ein Hund vor dem ersten Geburtstag kastriert, bleibt er vom Verhalten her immer wie ein Jungtier. Das kann im Sozialverhalten problematisch werden, auch weil er nie eine eigene Persönlichkeit entwickelt. Sollte Ihr Rüde jedoch nur noch Hündinnen im Sinn haben und gegenüber möglichen Rivalen aggressiv reagieren, kann eine Kastration Abhilfe schaffen. Gerade kleine Terrier können unkastriert richtige Nervensägen für ihr weibliches und auch männliches Artgenossen-Umfeld sein.

Wenn der Kleine **in die Jahre kommt**

TIPPS VON DER HUNDE-EXPERTIN
Susanne Müller-Rielinger

Hunde kleiner Rasse haben eine längere Lebenserwartung als große, sie können leicht 16 Jahre und älter werden. Neben einer regelmäßigen medizinischen Altersvorsorge beim Tierarzt etwa ab dem siebten Geburtstag hier einige Tipps, damit Ihr Hund gesund altert:

WENIGER FUTTER Ein alter Hund verbraucht weniger Energie, braucht also auch weniger Futter. Übergewicht belastet das Herz- Kreislauf-System, die Gelenke, Bänder und Sehnen. Gesunde, leicht verdauliche Kost gibt es im Fachhandel.

BEWEGUNG NACH MASS Lassen Sie Ihren Oldie so viel laufen, wie er noch kann und mag, vorzugsweise mit seinen alten Kumpels. Die kann er einschätzen, man kennt sich. Eventuell braucht Ihr Senior Hilfe beim Treppensteigen.

NACHLASSEN DER SINNE Mit zunehmendem Alter schwindet das Seh- und Hörvermögen. Sollte Ihr alter Hund auf Ihre Hinweise nicht mehr wie gewohnt reagieren, sollten Sie zum Tierarzt gehen. Je früher er behandelt wird, desto größer die Chance, dass ihm geholfen werden kann.

Ein gutes Team

Ein gut erzogener Hund ist eine Zierde für seinen Halter, ein kleiner folgsamer Hund erntet allseits Anerkennung und Staunen. Nicht nur, dass den Kleinen Leistungen beim Apportieren oder Dog-Dancing nicht zugetraut werden, die sie mit links lernen und meistern, sie werden häufig schlichtweg unterschätzt!

Klare Hierarchien

Hunde sind soziale Lebewesen und brauchen klare Regeln innerhalb der Gruppe, in der sie leben. Ihr Hund fühlt sich bei Ihnen am wohlsten, wenn Sie die Führung übernehmen und bei Entscheidungen, was Ihr Hund darf und was nicht, deutlich Stellung beziehen. Hunde ordnen sich gerne dem Menschen unter, sie wollen gar nicht die Chef-Rolle einnehmen. Wenn Sie Ihrem Hund alles durchgehen lassen, verunsichert ihn das. Fehlende Grenzen führen zu Verhaltensauffälligkeiten, die ein Leben mit ihm sehr unangenehm werden lassen. Nur wenn der Hund sich an »seinem« Menschen orientieren kann, für Wohlverhalten belohnt wird und er sich dadurch sein Futter im wahrsten Sinne des Wortes verdient und Fehlverhalten nicht auch noch belohnt wird, entwickelt er sich zu einem liebenswerten Partner. Gerade die Jagdrassen brauchen eine konsequente Erziehung und klare Regeln.

Die Erziehungsberechtigten

In Hunderudeln übernehmen die erwachsenen Hunde die Erziehung der Jungen. Ganz freche Welpen erhalten einen reglementierenden Schnauzgriff, bis sie akzeptieren, wer das Sagen hat.
Die Ausbildung des kleinen Hundes in der Familie sollte die Hauptbezugsperson übernehmen. Auf keinen Fall sind das die Kinder, denn Kinder werden vom Hund nicht ernst genommen. Besonders wenn er in die Flegeljahre kommt, können sie bei Erziehungsversuchen sogar verletzt werden. Kinder sollten allerdings von Anfang an zur Hundeschule mitkommen und so den richtigen Umgang mit dem Hund lernen. Alle Familienmitglieder müssen lernen, dem kleinen Hund dieselben Kommandos zu geben. Wenn die Hauptbezugsperson für das »Sitz« ein anderes Wort benutzt wie der Rest der Familie, gerät der Kleine völlig durcheinander.

Jeder Hund ist ein Opportunist. Bringt sein Handeln den gewünschten Erfolg, wird er das gezeigte Verhalten noch öfter wiederholen. Das gilt für aus unserer Sicht angenehmes wie unangenehmes Verhalten. Heute haben wir durch gezielte Verhaltensforschung umfangreiche Kenntnisse über das Lernen des Hundes. Ein Beispiel soll das Lernverhalten verdeutlichen: Sie gehen mit Ihrem kleinen Hund – angeleint – spazieren. Von Weitem sehen Sie seinen vertrauten Spielpartner. Ihr Hund freut sich, springt aufgeregt in die Leine. Wenn Sie ihn nun in der Leine zappeln lassen und ihn womöglich zügig ableinen, lernt Ihr Hund, dass es sich lohnt, tüchtig Terror an der Leine zu machen, sobald er seine Kameraden sieht. Das Ableinen versteht er als Belohnung für sein Ihnen unangenehmes Verhalten. Viel netter für Sie und Ihre Umwelt ist es, wenn der Hund lernt, seine Impulsivität über eine einfache Gehorsamsübung zu kontrollieren: Sie sehen den anderen Hund, lassen Ihren Kleinen auf Ihr Kommando hin absitzen, er wartet ruhig, bis Sie ihn abgeleint haben, und auf Ihr leises »o.k.« darf er zu seinem Spielpartner laufen.

Grundregeln der Erziehung

Konsequenz Bleiben Sie standhaft bei auferlegten Tabus. Wenn Sie heute den zappelnden Hund ableinen, morgen aber das »Sitz« fordern, um übermorgen wieder den Hund abzuleinen, versteht Ihr Hund gar nichts mehr. Im Gegenteil: Er wird sich noch weiter gegen Erziehungsversuche wehren, weil er mit seinem Nörgeln ja durchkommt.

Reaktionsschnelligkeit Ein Hund kann maximal zwei Sekunden lang sein Verhalten und Ihre Reaktion darauf verbinden. Wenn Ihr Hund etwa auf Ihr Kommando hin absitzt, Sie aber lange in der Tasche nach dem Leckerchen suchen und es ihm geben, wenn er wieder aufgestanden ist, haben Sie nicht das Sitzen belohnt, sondern das Aufstehen.

Unerwünschtes verhindern Warten Sie nicht, bis Ihr kleiner Hund den gesamten Garten durchwühlt hat. Verhindern Sie von vornherein, dass er unbeaufsichtigt Dinge tut, die Sie nicht möchten. Bleiben Sie also bei ihm, wenn er im Garten ist, und schicken ihn rein, wenn er anfängt zu buddeln.

Reagieren Sie schnell: Ein knurrendes »Nein« vermittelt dem Hund, dass er etwas falsch gemacht hat.

Verhalten umlenken Bieten Sie ihm eine Alternative für das an, was Sie nicht möchten. Damit er doch buddeln kann, stellen Sie ihm einen Kübel mit Sand in den Garten. Dort darf er buddeln. Wenn ein kleiner Terrier darin ab und an ein Leckerchen findet, ist das doch viel schöner als »nur« graben.
Positive Verstärkung Die Belohnung erfolgt für gewünschtes Verhalten. Ihr kleiner Hund lernt am Erfolg. Beispiel: Der Hund soll sich setzen, er sitzt zügig ab und wird gelobt. Der Hund wird das gewünschte Verhalten häufiger zeigen, denn er spürt, dass es sich lohnt, sich so zu verhalten.
Negative Verstärkung Ein für den Hund unangenehmer Zustand hört auf. Beispiel: Druck auf das Hinterteil. Sobald der Hund sitzt, wird der Druck weggenommen. Auch bei der negativen Verstärkung wird das gewünschte Verhalten künftig häufiger gezeigt, allerdings ist das Gefühl beim Hund »Erleichterung« und nicht »Freude« wie bei der positiven Verstärkung. In der Hundeausbildung arbeitet man daher vornehmlich mit der positiven Verstärkung, das macht dem Tier mehr Spaß.
Strafen Die Lerntheorie sieht neben der Verstärkung noch die Bestrafung eines Verhaltens vor, d. h. ein negatives Ereignis tritt ein. Die Bestrafung kann positiv (etwas kommt hinzu) und negativ (etwas wird versagt bzw. weggenommen) sein. Die Bestrafung ist selten das Mittel der Wahl in der Hundeerziehung. In seltenen Ausnahmefällen kann man sie einsetzen, um einen Verhaltensabbruch bei unerwünschtem Verhalten zu bewirken.
Negative Strafe Etwas für den Hund sehr Tolles wird ihm vorenthalten oder weggenommen. Beispiel: Der Welpe dreht im Spiel auf und beißt in Ihre Hand, Sie brechen daraufhin sofort das Spiel ab. Die Konsequenz aus zu wildem Spiel ist der Spielabbruch, der als Strafe wirkt. Der Hund wird zukünftig auf jeden Fall »sanfter« spielen und eine Beißhemmung aufbauen.

Belohnen Sie Ihren kleinen Hund sofort, wenn er etwas richtig macht, mit einem freundlichen »fein« und einem Leckerchen.

Positive Strafe Etwas Unangenehmes tritt als Reaktion auf ein Verhalten des Hundes ein. Beispiel: Der Hund bellt am Gartenzaun, es fliegt eine mit Steinchen gefüllte Plastikdose neben ihn. Der Schreckreiz ist eine positive anonyme, nicht mit Ihnen verbundene Strafe. Der Hund lässt als Konsequenz das Bellen und kommt schnell auf Sie zu. Sie können ihn freundlich empfangen. Effekt: Das unerwünschte Verhalten wird mit dem Strafreiz verknüpft (und nicht mit Ihnen) und künftig seltener gezeigt. Vorsicht: Sensible Hunde können sehr verunsichert werden, wenn man Schreckreize einsetzt.
Mit dem besten Ergebnis aufhören Üben Sie jedes Kommando immer nur kurz, dafür regelmäßig. Hören Sie mit dem besten Ergebnis auf. Der Hund wird sich das merken und nächstes Mal genauso motiviert mitmachen.

Kleine Hunde richtig belohnen

Leckerchen

Die Leckerchen sollten klein und weich sein, damit der Hund nicht lange darauf herumkauen muss. Käse- oder Fleischwurstwürfel in Erbsengröße, Apfel- oder Möhrenstücke sowie Trockenfutter eignen sich sehr gut. Probieren Sie aus, was Ihr Hund am liebsten mag.

Ableinen

Endlich über die Wiese rennen, das ist auch eine Belohnung. Lassen Sie Ihren kleinen Hund davor aber etwas für Sie tun, zum Beispiel absitzen. Dann lernt er gleich, sich etwas zurückzunehmen, und Sie haben es leichter mit dem Ableinen.

Streicheln

Nicht alle Hunde mögen es, draußen gestreichelt zu werden. Nur in entspannter Atmosphäre können sie solche Liebkosungen genießen. Probieren Sie aus, ob Ihr Hund das Streicheln draußen mag. Wenn er dabei aufspringt, zur Seite schaut, den Mund öffnet, gähnt oder hechelt, ist es ihm eindeutig unangenehm. Dann verzichten Sie darauf.

Wortlob

Ihr Hund kann Ihre Stimmung sehr genau an Ihrer Stimmlage erkennen. Ein freundliches »brav« oder »fein« muss sich deutlich von dem korrigierenden »nein« oder »aus« unterscheiden. Loben Sie immer mit dem gleichen Wort, dann versteht Ihr Hund sehr bald, dass er es richtig gemacht hat.

Futterbeutel

Apportierfreudige Hunde lieben es, den geworfenen Futterbeutel zu ihrem Mensch zurückzubringen und dann daraus fressen zu dürfen. Leinen Sie zu Anfang unbedingt Hund oder Futterbeutel an, damit der kleine Hund mit ihm nicht auf und davon geht und ihn womöglich kaputtbeißt.

Spielzeug

Wenn Ihr Kleiner eine Übung besonders gut gemacht hat, und gerne spielt, werfen Sie ihm zur Belohnung einen Ball. Werfen Sie auch sonst einmal Spielzeug hinter sich, wenn Sie Ihren Hund zu sich gerufen haben. Das lässt ihn öfter, schneller und freudiger zu Ihnen zurückkommen.

Besonderheiten bei der Erziehung

Die Entwicklung eines kleinen Hundes – auch die seines Jagdverhaltens – vollzieht sich früher und schneller als die eines großen. Erziehen Sie Ihren kleinen Hund also bereits von klein auf mit Konsequenz. Es ist menschlich, bei einem »Kleinen« ein Auge zudrücken zu wollen, wenn er Dinge tut, die man bei einem Großen mit 40 Kilogramm nie dulden würde. Mit inkonsequentem Verhalten werden Sie vom Hund allerdings nicht ernst genommen, er tanzt Ihnen sogar auf der Nase herum. Ein Beispiel: Noch bevor Sie den an der Tür stehenden Besuch dazu auffordern konnten, den anspringenden Hund bitte zu ignorieren, bis er mit allen vier Beinen am Boden steht, sind die Hände des Gastes schon unten, und der Kleine wird gestreichelt. »Ach, das macht doch nichts.« Da hilft nur eins: Halten Sie Ihren Hund bei Besuch angeleint und sorgen Sie dafür, dass er niemanden anspringt, der die Wohnung betritt. Bleibt er unten, loben Sie ihn.

Hunde unterschiedlicher Größe können lernen, miteinander herumzutollen.

Im Umgang mit »Großen«

Wenn der kleine Hund schon früh positive Erfahrungen mit großen Hunden machen konnte, zum Beispiel in einer gut geführten gemischten Welpengruppe (→ Seite 42/43), kommt das der Toleranzschwelle des kleinen Hundes zugute.

Orientierungsprobleme

Sehr kleine Hunde finden ab einer gewissen Entfernung ihren Menschen nicht so schnell. Üben Sie deshalb eine große Geste für den Rückruf (→ Seite 48) ein, die sich prägnant von anderen Bewegungen abhebt. Das können Ihre seitlich vom Körper abgestreckten Arme sein, die Sie dann langsam absenken. Überlegen Sie sich eine »große Geste«, die Sie immer gleich ausführen. Haben Sie einmal die Leine in der Hand und einmal nicht, machen Sie es dem Hund schwer, das Signal zu generalisieren.

Auf Abliegen bestehen

Viele kleine Hunde machen draußen nur äußerst ungern »Platz« – führen also das Abliegen auf Kommando aus. Dieses Kommando, das den Hund auch zur Ruhe bringt, ist gerade für die lauffreudigen kleinen Quirle unter den Jagdrassen eine echte Herausforderung, die manchmal nur zitternd und bebend zustande gebracht wird. Diese Ruheposition nehmen sie dann nur bei absolut gutem Gehorsam ein. Diese Übung müssen Sie daher bereits beim Welpen mit viel Konsequenz üben.

So werden Sie ein gutes Team

Gemeinsame Unternehmungen sollen beiden Seiten – Mensch und Hund – Spaß machen. Wenn Sie sich an die nachfolgenden Ratschläge halten, wird sich Ihr Hund bei Ihnen wohlfühlen und nicht verängstigt oder überfordert sein.

Tut gut

+ Erlauben Sie Ihrem Hund von Anfang an nur Dinge, die Sie ihm auch zukünftig gestatten wollen. Reagieren Sie ständig anders, verunsichern Sie ihn.

+ Belohnen Sie Ihren Hund für Wohlverhalten sofort mit Lob oder Leckerchen. So kann er sein Verhalten und Ihre Reaktion darauf verbinden.

+ Die Pflege Ihres Kleinen soll auf Augenhöhe stattfinden. Heben Sie ihn dafür auf einen vorbereiteten Tisch oder gehen Sie in die Hocke.

+ Ermöglichen Sie Ihrem Hund den Umgang mit Artgenossen. Er braucht diese sozialen Kontakte!

Besser nicht

– Beugen Sie sich nicht über den kleinen Hund, auch wenn Sie ihn »nur« streicheln wollen. In seiner Körpersprache stellt diese Aktion eine Bedrohung dar.

– Drängen Sie Ihren Hund nie in eine Zimmerecke. Denken Sie an den Größenunterschied, Ihr Hund hat das Gefühl, nicht entkommen zu können.

– Kleine Hunde sind kein Spielzeug. Lassen Sie Ihre Kinder nicht unbeaufsichtigt mit dem kleinen Hund allein oder gar spazieren gehen.

– Auch wenn eine Situation Sie beängstigt: Ziehen Sie niemals den ganzen Hund an Halsband oder Geschirr hoch.

Von klein auf gut erzogen

Ihr Welpe muss bis zur 16. Lebenswoche viele positive Erfahrungen gemacht haben mit allem, was unser Leben ausmacht: Geräusche, andere Tiere und Menschen, Kaufhaus, Aufzug, Restaurant. Je mehr er kennenlernt, desto gelassener wird er.

Vorbild Mensch An neue Situationen sollten Sie Ihren Hund schrittweise heranführen, und zwar an der Leine. Ihr Hund wird sich an Ihnen orientieren – und Sie müssen ihm durch Ihre Körpersprache signalisieren, dass ihm nichts passieren kann.

Jagdinstinkte Jagdrassen, die nicht in Jägerhand sind, sollten während der Welpenzeit und auch später in der Pubertät nicht durch Bällchen- und Stöckchenfangspiele zusätzlich zum Jagen animiert werden. Spielen Sie lieber ruhige Suchspiele.

Umgang mit Artgenossen In der Entwicklungsphase muss der Welpe auch Gelegenheit haben, mit anderen gleichaltrigen Hunden zu spielen, denn dadurch wird die Basis für sein späteres Sozialverhalten gelegt. Nur im Umgang mit Art-

Geben Sie Ihrem kleinen Hund Gelegenheit, auch Hunde größerer Rassen kennenzulernen und mit ihnen zu spielen. Ihr Kleiner darf dabei aber nicht von den »Großen« attackiert werden.

genossen kann er lernen, eine Beißhemmung aufzubauen. Besuchen Sie daher eine Welpenschule mit Ihrem kleinen Hund. Doch welche ist die richtige?

Gemischte Welpengruppen Im Umgang mit Artgenossen jeder Größe lernt Ihr Hund früh, dass andere Rassen ein anderes Ausdrucksverhalten und teilweise auch andere Rituale haben: Ein Mops kann nie so sehr die Lefze hochziehen, wie es ein Hund mit längerer Schnauze kann, ein Bichon frisé muss deutlicher drohen, da durch sein dichtes Haarkleid ein Nasenrückenrunzeln nicht so schnell zu dekodieren ist.

› Große Hunde müssen von klein auf lernen, dass es kleine Hunderassen gibt und diese nicht gejagt werden dürfen.

› Der Hundetrainer muss darauf achten, dass der kleine Hund nicht gejagt oder von mehreren Hunden gemobbt wird. Wenn der kleine Hund nur zitternd zwischen den Füßen seiner Menschen sitzt, muss der Trainer dafür sorgen, dass sich Groß und Klein freundlich annähern.

Kleine unter sich Sollten Sie feststellen, dass trotz der Bemühungen des Hundetrainers Ihr kleiner Welpe in der Gruppe ständig das Opfer ist, schauen Sie sich anderswo um. Sozialverhalten kann Ihr Kleiner besser mit Welpen ähnlicher Größe lernen. Ein ruhiger älterer Hund großer Rasse kann solch eine Gruppe sehr bereichern.

Aller Anfang ist schwer

Als Neuling in einer bestehenden Welpengruppe muss der Kleine sich zunächst zurechtfinden. Es ist normal, wenn er in der ersten Viertelstunde zunächst bei seinem Menschen sitzt und nur zuschaut. Das gibt sich aber meist schnell. Allzu laute Raufspiele sollten Sie aber unterbrechen und konsequent Ruhe einkehren lassen.

Gute Hundeschulen erkennen

TIPPS VON DER HUNDE-EXPERTIN **Susanne Müller-Rielinger**

AUSBILDUNG Lassen Sie sich die Qualifikation auch durch regelmäßige Fortbildungsnachweise des Trainers belegen. Arbeitet er nur nach einem bestimmten Konzept oder ist er offen für andere?

VERSCHIEDENE GRUPPEN Können sich in den Welpenspielstunden Hunde aller Größen kennenlernen? Werden alternativ auch Kurse für kleine Hunde angeboten?

AUSBILDUNGSORT Lernen soll dort stattfinden, wo es gebraucht wird: Wird also nicht nur auf dem Trainingsgelände geübt, sondern auch am Weiher, auf dem Wasservögel schwimmen, in einer kleinen Einkaufsstraße, im Park neben einem Kinderspielplatz etc.?

UMWELTREIZE Gibt es unterschiedliche Dinge, mit denen die Welpen konfrontiert werden, wie Flatterbänder, Bällebad, Stofftunnel?

SPIEL UND LERNEN Wie sieht der zeitliche Rahmen aus? Können die Welpen etwa zwei Drittel der Zeit mit gemeinsamem Spaß und ein Drittel mit Lernübungen verbringen?

Regeln im Haus

Darf der süße kleine Hund aufs Sofa oder ins Bett? Das entscheiden Sie am besten, bevor der Hund bei Ihnen eingezogen ist, spätestens in den ersten Tagen nach dem Einzug. Und zwar mit der ganzen Familie. Klare Hausstandsregeln, die für alle verbindlich sind, bieten Ihrem Hund einen Rahmen, an den er sich halten kann. Wenn auch nur eine Person der Familie diese Regeln ständig verletzt, beginnt der Hund, diese Regeln zu kontrollieren. Er wird dann immer ein Schlupfloch finden, sich nicht an Regeln halten zu müssen. Das fängt zu Hause mit dem Sofa an und endet im eigenmächtigen Weglaufen beim Spaziergang.

Stubenrein muss sein!

Wenn Ihr Hund nicht stubenrein zu Ihnen kommt, möchten Sie wahrscheinlich, dass er das möglichst schnell lernt (→ Seite 21). Vor allen Dingen müssen Sie in den ersten Wochen sein Verhalten sehr aufmerksam verfolgen und ihn sofort nach draußen tragen, wenn er sich lösen möchte. Er zeigt sein Bedürfnis an, indem er schnüffelnd und suchend herumläuft oder sich im Kreis dreht. Kommt es trotzdem einmal zu einem Malheur, so nützt es nichts, wenn Sie den Hund hinterher ausschimpfen, denn er kann Ihre Reaktion zu diesem späteren Zeitpunkt nicht mehr mit seiner Handlung verbinden. Loben Sie ihn auf jeden Fall ausgiebig, wenn er sich am richtigen Platz gelöst hat. Wildes Spielen oder große Wiedersehensfreude kann beim Welpen dazu führen, dass er einige Tröpfchen Urin verliert. Sollte Ihr Welpe dazu neigen, können Sie das Spiel und die Begrüßung nach Draußen verlegen. Seien Sie beruhigt: Das unterwürfige Urinieren gibt sich mit dem Älterwerden des Hundes meist von selbst. Strafen Sie Ihren Hund niemals für dieses Begrüßungspipi, das verschlimmert die Situation nur.

Alleinsein kann man lernen

Auch wenn sich fast immer ein Familienmitglied im Haus aufhält, sollten Sie mit Ihrem kleinen Hund das Alleinsein trainieren. Am einfachsten gewöhnen sich schon Welpen daran. Wenn Sie vor dem Weggehen einen Spaziergang gemacht haben, sodass er müde ist und sich lösen konnte, und dem Kleinen in Ihrer Abwesenheit einen Kauartikel überlassen, kann er die Zeit leichter überbrücken. Ein altes T-Shirt seiner Bezugsperson im Körbchen erleichtert das Alleinsein. Verabschieden Sie sich nicht groß und begrüßen Sie den kleinen Hund nach der Rückkehr ganz ruhig und erst, wenn Sie Jacke und Tasche abgelegt haben und er sich etwas beruhigt hat. Sollte der »Kleine« fiepen und winseln, wenn Sie weggegangen sind, kommen Sie erst wieder rein, wenn er ruhig ist. Trainieren Sie das Alleinsein dann erst einmal innerhalb der Wohnung. Der Hund soll lernen, Ihnen nicht ständig zu folgen, sondern auch im Körbchen zu bleiben, wenn Sie das Zimmer verlassen. Fangen Sie mit ein paar Minuten an, steigern Sie die Dauer langsam.

Zerstört wird nichts!

Das Anfressen von Kleidungsstücken bzw. Möbeln und Tapeten ist für den Kleinen tabu. Sorgen Sie für genug Kaubeschäftigung mittels Kaustangen. Überprüfen Sie, ob Ihr Hund aus Langeweile irgendetwas ankaut, und sorgen Sie als Ausgleich für abwechslungsreiche Spaziergänge (→ Seite 55).

ZERKAUEN Für einen Welpen ist es schwierig, zwischen den Sachen, mit denen er spielen darf, und den Gegenständen, die er nicht haben darf, zu unterscheiden. Wenn Sie ihn unbeaufsichtigt lassen müssen, sollten Sie alle Gegenstände, die nicht für Ihren Hund bestimmt sind, wegräumen. Herumliegende Kabel sind beispielsweise eine Gefahrenquelle und müssen außer Reichweite des Hundes verlegt sein. Mit der Zeit lernt Ihr Hund dann, Ihre Sachen in Ruhe zu lassen.

ESSEN KLAUEN Gelegenheit macht auch in diesem Fall Diebe. Beugen Sie also vor und lassen Sie niemals etwas Essbares herumstehen. Den Ansatz zu einem Diebstahl in Ihrem Beisein können Sie durch Knurren und direkten Blickkontakt zum Übeltäter verhindern. Wenn Sie Ihren kleinen Hund direkt beim Klauen erwischen, dann schimpfen Sie ihn in einem tiefen Tonfall und sagen sehr energisch: »Nein!«

STUBENREIN Entdecken Sie ein Pfützchen hinterher, ist es zwecklos, den Hund zu schimpfen oder mit der Nase in seine Hinterlassenschaft zu drücken. Er lernt so nur, sich heimlich zu lösen.

In der Grundschule

Alle nachfolgend beschriebenen Übungen der Grunderziehung sollen Ihnen dabei helfen, sich problemlos und ohne Stress mit Ihrem Hund in der Öffentlichkeit zu bewegen. Gleichzeitig sind sie die Grundlage für verschiedene Sportarten, die von den unterschiedlichsten Hundeverbänden angeboten werden. Um an Kursen oder Wettkämpfen teilnehmen zu können, müssen Sie meist die Begleithundprüfung erfolgreich absolviert haben.

Kommandos übermitteln Alle Übungen verlaufen umso erfolgreicher, je genauer die Lerntheorie in der Praxis umgesetzt wird und je präziser Sie auf das richtige Timing achten. Grundsätzlich haben Sie zwei Möglichkeiten, Ihrem Hund Kommandos zu geben: Hörzeichen sind Worte oder ein Pfeifton, Sichtzeichen sind Hand- oder Armbewegungen. Letztere versteht der Hund leichter, da er von Natur aus sehr stark auf Körpersprache ausgerichtet ist. Allerdings befindet sich Ihr Hund ja nicht immer in Sichtweite – dann sind Sie auf Hörzeichen angewiesen. Gewöhnen Sie sich an, immer dieselben Hör- und Sichtzeichen zu geben. So lernt Ihr Hund schneller und wird nicht verunsichert. Fördern Sie den Blickkontakt Ihres Hundes zu Ihnen, indem Sie ihn loben, wenn er Sie anschaut, denn in diesem Moment haben Sie seine volle Aufmerksamkeit. Damit er die gewünschte Bewegung ausführt, brauchen Sie die ersten Male ein Leckerchen zum Locken. Wenn Sie nach einigen Wiederholungen das entsprechende Hörzeichen sagen, verknüpft Ihr Hund bald, dass er auf ein bestimmtes Kommando eine gewisse Bewegung ausführen muss. Sobald er das verstanden hat, verzichten Sie auf das lockende Leckerchen und geben ihm stattdessen den Belohnungshappen aus der anderen Hand. Belohnen Sie in den ersten drei Monaten nach jeder gut ausgeführten Übung Ihren Hund. Danach können Sie nur noch jedes dritte bis fünfte Mal mit einem Leckerchen loben, das Wortlob erfolgt immer.

1 Bleiben Sie bei Übungen immer stehen. So wirken Sie nicht bedrohlich. Ist der Hund aufmerksam, zeigen Sie ihm das Sichtzeichen und sagen »Sitz«.

2 Wenn Ihr Kleiner sitzt, loben Sie ihn mit einem Wortlob (»fein«) und geben ihm aus der anderen Hand ein Leckerchen. Er soll dabei sitzen bleiben.

Das sollte Ihr Kleiner können

Sitz Nehmen Sie ein Leckerchen zwischen Daumen und Mittelfinger und halten dabei den Zeigefinger wie beim Aufzeigen nach oben – das ist das Sichtzeichen. Halten Sie Ihrem Hund das Leckerchen so über die Nase, dass er nicht gleich drankommt. Er wird nun hochspringen, vielleicht auch fiepen – warten Sie geduldig ab. Wenn Sie die Hand nicht wegziehen, wird der kleine Hund sich irgendwann hinsetzen. Nun loben Sie ihn, geben ihm das Leckerchen und sagen gleichzeitig »Sitz«. So kann er seine Handlung auch mit dem entsprechenden Wort verknüpfen.

Platz Nehmen Sie ein Leckerchen zwischen Daumen und Zeigefingerwurzel, zeigen es Ihrem Hund, und legen die Hand flach auf den Boden. Warten Sie, bis Ihr Hund vor Ihrer Hand liegt. Geben Sie das Leckerchen frei und sagen gleichzeitig »Platz«. Später wird das Sichtzeichen etwas abgewandelt: Dann weist die flache Hand Richtung Boden, während Sie aufrecht stehen.

Bleib Wenn der kleine Hund schon sicher »Sitz« oder »Platz« macht, können Sie ihn mit diesem Kommando auffordern, in dieser Haltung zu verharren. Beginnen Sie diese Übung mit einem halben Wiegeschritt nach hinten. Bleibt der Hund in seiner Position, wird er gelobt. Gehen Sie anfangs immer zurück zum Hund; loben Sie erst, wenn Sie bei ihm sind und er noch immer im Sitz bzw. Platz ist. Erhöhen Sie die Entfernung allmählich auf einen, dann auf zwei Schritte. Arbeiten Sie lieber langsam, damit Ihr Hund Erfolg hat, und überfordern Sie ihn nicht mit zu großer Distanz. Wenn er nicht bleibt, beginnen Sie die Übung mit geringerer Entfernung neu. Beenden Sie jede Übungseinheit stets mit einem Erfolg für Ihren Hund, auch wenn die Entfernung noch so gering ist. Rufen Sie Ihren Hund erst aus der Bleib-Übung zu sich, wenn er diese sicher beherrscht und geduldig wartet. Wenn Sie das Abrufen zu früh einführen, kann es passieren, dass Ihnen der Hund immer entgegenkommen will und nicht lernt, geduldig sitzen bzw. liegen zu bleiben.

Aus Beim »Aus« soll der Hund vertrauensvoll etwas aus dem Fang geben. Gerade Jagdrassen lassen nicht gerne etwas los. Da man aber nie sicher sein kann, was ein Hund im Stadtpark so findet, muss er von klein auf das »Aus« sofort ausführen. Beginnen Sie diese Übung unbedingt auf Augenhöhe und lassen Ihren Hund am Brustgeschirr angeleint von einem Familienmitglied festhalten bzw. binden ihn an. Nehmen Sie ein langes Stück Ochsenziemer oder eine feste Kaustange in die Hand und halten es Ihrem kleinen Hund hin. Lassen Sie ihn ein wenig darauf herumkauen. Während des Kauens fasst er immer nach. Nutzen Sie ein solches Nachfassen und entziehen ihm das Stück Ochsenziemer,

3 Soll Ihr Hund sich hinlegen, so wird ihm das aus dem Sitzen leichter fallen. Geben Sie ihm das Sichtzeichen sowie das Hörzeichen »Platz«.

4 Liegt Ihr Hund, dann loben Sie ihn nach einigen Sekunden. Legen Sie das Leckerchen zwischen seine Vorderbeine, damit er unten bleibt.

sagen gleichzeitig »Aus« und loben ihn dabei überschwänglich. Da er angebunden ist, kann er nicht wieder nach dem Stück greifen. Warten Sie, bis er wieder sitzt, und geben es ihm mit der Aufforderung »Nimm's«. Wiederholen Sie das mehrere Male täglich, nach einigen Tagen lässt er beim »Aus« vertrauensvoll den Ziemer los.

Nein Bei diesem Kommando soll der Hund mit dem aufhören, was er gerade vorhatte und sich Ihnen zuwenden. Sie brauchen für diese Übung einen Helfer, der dem Hund ein Leckerchen oder Spielzeug hinhält. Sie halten Ihren Hund an der Leine, und sagen knurrend »Nein«. Wenn der Hund sich umschaut zu Ihnen, loben Sie ihn und geben ihm ein anderes, noch hochwertigeres Leckerchen.

Hier Mit diesem Ruckruf soll der Hund lernen, dass es sich lohnt, zu Ihnen zu kommen. Am besten gelingt das mit der klassischen Konditionierung, und zwar über Futter. Kleine Hunde haben im hohen Gras schon mal Orientierungsschwierigkeiten. Üben Sie daher den Rückruf auf einem Weg. Ein Helfer hält den kleinen Hund fest, Sie entfernen sich etwa drei Meter und gehen in die Hocke, breiten die Arme aus und rufen Ihren Hund beim Namen, begleitet mit dem Hörzeichen »Hier« (lang gesprochen). Wenn Ihr kleiner Hund angesaust kommt, loben Sie ihn. Greifen Sie sanft, während Sie ihm sein Leckerchen geben, in sein Geschirr oder Halsband. So lernt er erst gar nicht, das Leckerchen abzuholen und dann gleich zu entwischen.

Achten Sie auf eine locker durchhängende Leine, wenn Ihr Hund bei Fuß geht.

Den Welpen sollten Sie in der Hocke empfangen, beim erwachsenen kleinen Hund bleiben Sie stehen.

Kommandos, die Sicherheit geben

Steh Diese Übung ist für Hunde leicht zu lernen und im Alltag enorm wichtig an Straßen. Nehmen Sie das Leckerchen zwischen Daumen und Zeigefingerwurzel, die Hand bleibt gerade gestreckt. Halten Sie die Hand quer vor die Hundenase. Wenn er ganz ruhig steht, geben Sie das Leckerchen frei und sagen »Steh«. Später wird als Sichtzeichen die flache aufrechte Hand dem Hund entgegengestreckt.

An lockerer Leine gehen Kein Hund kommt mit einer Leine zur Welt. Er muss sich an das Angeleintsein erst gewöhnen. Damit der kleine Hund lernt, an lockerer Leine zu gehen, darf er keinen Zentimeter ziehend vorwärts kommen. Bleiben Sie einfach ruhig stehen, wenn die Leine sich strafft. Sobald der Hund von sich aus für Entspannung der Leine sorgt, indem er etwas zurückgeht, loben Sie ihn und gehen weiter. Üben können Sie die Leinenführigkeit sowohl mit einer festen Leine als auch mit einer Rollleine. Allerdings erfordert das Training mit Letzterer große Selbstbeherrschung von Ihnen. Wenn Sie mit der Rollleine unterwegs sind, sollten Sie überall dort, wo Ihr Hund dicht bei Ihnen bleiben soll, diese feststellen und Ihrem Hund lediglich ein etwa 70 cm langes Leinenstück überlassen. Sobald er an der Leine zieht, bleiben Sie wieder stehen. Drücken Sie nie auf den Entriegler, wenn der kleine Hund an der Leine zieht. Damit würde er nur lernen, dass er fest genug ziehen muss, um weiterzukommen. Gleiches gilt auch für die entriegelte, etwa fünf bis acht Meter lange Rollleine. Auch hier soll er nicht ziehen. Wenn Sie Ihren Hund jetzt zurückholen möchten, rufen Sie ihn lieber, statt ihn völlig überraschend heranzuziehen. Der Hund erlernt das Gehen an der lockeren Leine innerhalb vier Wochen, wenn Sie konsequent sind. Umgerechnet auf ein Hundeleben lohnt der Aufwand!

Manche Hunde setzen sich nicht gern hin, wenn sie angespannt sind. Lassen Sie Ihren Hund stattdessen auf Kommando »Steh« machen.

Bei Fuß Mit Blickkontakt ist dieses Kommando für kleine Hunde eine Anti-Stress-Übung, denn viele Zwerge regen sich an der Leine auf, wenn ihnen ein großer Hund entgegenkommt. Wenn der kleine Hund bei Fuß mit Blickkontakt zu Ihnen neben Ihnen geht, kann er nicht zum Kontrahenten schauen, Aggressivität baut sich gar nicht erst auf.

› Locken Sie Ihren angeleinten Hund mit einem Leckerchen in Kniehöhe an Ihr Bein. Ob Sie dabei Ihren Hund rechts oder links führen, bleibt Ihnen überlassen (nur bei der Begleithundeprüfung muss er zwingend links gehen).

› Gehen Sie los. Bleibt Ihr Hund mit der Nase auf Kniehöhe, so sagen Sie »Fuß« und geben ihm das Leckerchen beim Gehen. Geben Sie sich anfangs mit wenigen Schritten zufrieden und steigern Sie langsam die Strecke. Später können Sie auch ohne Leine trainieren.

Mit dem Hund unterwegs

Wenn Sie sich mit Ihrem Hund in der Öffentlichkeit bewegen, sollten Sie sich bewusst sein, dass Rücksichtnahme das Miteinander angenehm gestaltet. Das heißt, dass bei Begegnungen mit Joggern, Radfahrern, Spaziergängern oder Reitern der Kleine ruhig im »Sitz« bei Ihnen warten soll, bis diese vorbei sind. Gehorcht er noch nicht zuverlässig, so müssen Sie ihn bei Bedarf anleinen. Kommt Ihnen ein angeleinter Hund entgegen, so leinen Sie Ihren ebenfalls an. Es gibt sicher einen Grund dafür – etwa dass das Tier läufig ist oder der andere Hund aggressiv auf Artgenossen reagiert.

Dieser Papillon-Mischling hat gelernt, ruhig neben seinem Frauchen sitzen zu bleiben, wenn Jogger sich nähern.

Längere Reisen

Egal, wo Sie unterwegs sind: Stellen Sie sicher, dass, wenn Ihr Hund »verloren« geht, ein Finder mit Ihnen oder einem Tiernotrufverein Kontakt aufnehmen kann, weil Ihr Hund am Halsband die nötigen Informationen bei sich trägt. Einige Hersteller von Hundehalsbändern bieten an, die Mobilrufnummer des Halters darauf zu sticken. Zudem gibt es kleine Hülsen, in denen man die wichtigsten Daten wasserfest und sicher am Halsband befestigen kann.

Bahnreisen Innerhalb Deutschlands fahren kleine Hunde in einer Transportbox als »Handgepäck« kostenlos mit. Innerhalb Europas mussen Sie für Ihren Hund meist ein Kinderticket für die zweite Klasse lösen. Weitere aktuelle Informationen erhalten Sie direkt bei der Deutschen Bahn.

Flugreisen Kleine Hunde in einer Transportbox dürfen mit in die Kabine, wenn ihr Gewicht fünf bis acht Kilogramm nicht übersteigt. Ihre Fluggesellschaft gibt Ihnen hierzu nähere Auskünfte.

Autofahrten Der kleine Hund muss gesichert transportiert werden, damit er sich wohlfühlt, und weder für sich selbst noch für Mitfahrer ein Verletzungsrisiko darstellt (→ Seite 19) . Sorgen Sie für regelmäßige Pausen, bei denen der kleine Hund sich bewegen, lösen und Wasser trinken kann. Hunde sind sehr empfindlich gegenüber Hitze. Ab einer Temperatur von 42 °C droht eine lebensbedrohliche Überhitzung, die sich durch Mattigkeit, Unruhe

An diesem Fahrrad-Hundekorb können Sie bei längeren Touren auch die Wasserflasche für den kleinen Hund befestigen.

Eine Ansammlung vieler Menschen bedeutet Stress für Hunde. Das erkennen Sie an den angelegten Ohren sowie dem offenen hechelnden Mund.

und Taumel äußert. Lassen Sie Ihren Hund daher nie allein im Auto, schon gar nicht im Sommer. Selbst an Herbsttagen kann bei Sonnenschein der Innenraum des Fahrzeugs trotz offener Fenster zu warm werden. Längere Reisen, gerade im Sommer, sollten daher besser nachts angetreten werden.

Mit dem Fahrrad unterwegs Auf längeren Fahrradtouren kann es sich der kleine Hund in einem Körbchen, das sicher am Fahrrad befestigt ist, bequem machen. Mittlerweile gibt es im Fachhandel neben speziellen Fahrradkörben auch Fahrradanhänger für Hunde. Natürlich müssen Sie Ihren Hund langsam an diese Beförderungsart gewöhnen, eventuell sollten Sie ihn anleinen. Vergessen Sie nicht einen Napf und Wasser für Ihren Hund mitzunehmen, auch er will versorgt sein!

Im Urlaub

Wenn Sie eine Reise ins europäische Ausland unternehmen wollen, müssen Sie im Besitz eines EU-Heimtierpasses sein. Informieren Sie sich rechtzeitig über die Einreisebestimmungen Ihres Urlaubszieles, denn eine Impfung gegen Tollwut muss mindestens 30 Tage alt sein. Einige Länder fordern einen Nachweis. Maulkorb- und Leinenpflicht werden ebenfalls unterschiedlich gehandhabt, also rechtzeitig erkundigen!

Reisen Hunde gerne?

Für den kleinen Hund bedeutet eine Reise das Verlassen seines bekannten Territoriums. Ist man erst mal am Reiseziel angekommen, kann der kleine Hund sich über Berge oder das Meer freuen. Dann sind die Strapazen schnell vergessen.

Hat Ihre Unterkunft einen Garten, prüfen Sie gründlich, ob der Zaun an allen Stellen dicht ist, damit Ihr kleiner Hund nicht in einem unbeobachteten Moment ausbüxen kann. Öffentliche Plätze, wie Bahnhöfe oder auch Raststätten in der Hauptsaison, stellen aufgrund der großen Menschenmengen eine Gefahr für kleine Hunde und einen zusätzlichen Stressfaktor dar.

Häufige Erziehungsprobleme

Kleine Hunde sind nicht nur süß und drollig. Kleine Hunde haben manchmal auch den Ruf, Kläffer, Wadenbeißer und Nervensägen zu sein. Was ist dran an solchen (Vor-)urteilen?
Nun, zunächst wird der kleine Hund angeschafft, weil er so niedlich aussieht. Aber auch ein »Kleiner« lässt sich nicht einfach nebenher erziehen, sie haben mindestens die gleichen Ansprüche wie ein großer Hund. Erschwerend kommt hinzu: Wenn man zu spät mit der Erziehung beginnt, haben sich bereits Verhaltensweisen etabliert, die sich schwer wieder abstellen lassen. Die eindeutige und konsequente Führung eines kleinen Hundes muss bereits beim Welpen beginnen. Falls Ihr Hund nicht das tut, was Sie von ihm erwarten, so müssen Sie überlegen, woran das liegen kann. Überlegen Sie, was Sie selbst falsch gemacht haben könnten, wenn Ihr »Kleiner« ein auffälliges Verhalten zeigt. Meiner Erfahrung nach treten im Umgang mit kleinen Hunden ganz bestimmte Probleme relativ häufig auf. Nachfolgend finden Sie einige Lösungsvorschläge.

Der Hund gibt sein Spielzeug nicht ab und knurrt Sie an Wahrscheinlich haben Sie in der Vergangenheit daraus ein Zerrspiel gemacht – und das ist für ihn viel spannender, weil Sie ihm dabei mehr Interesse gewidmet haben. Der Kleine ist eher bereit, etwas abzugeben, wenn er weiß, dass es sich lohnt. Lassen Sie dem Hund das Spielzeug so lange, bis er es von sich aus fallen lässt. Sagen Sie dann gleichzeitig »Aus« und belohnen ihn überschwänglich (→ Seite 47). Halten Sie für das Abgeben von Spielzeug stets ein Leckerchen bereit.

Ihr Hund rennt beim Anleinen weg Mal ehrlich: Würden Sie gern zu Ihrem Chef ins Büro gehen, wenn Sie wissen, dass er Sie nur ruft, um Ihnen noch mehr Arbeit zu übertragen? Wenn der kleine Hund nur zum Anleinen gerufen wird, hat er rasch verknüpft, dass zum Menschen kommen bedeutet: Schluss mit Spiel und Spaß. Machen Sie es anders-

Dieser Shi-Tzu fürchtet sich vor großen Hunden und verbellt den »unheimlichen Fremdling«.

herum: Rufen Sie Ihren Hund, belohnen Sie ihn mit Leckerchen, aber leinen Sie ihn nur jedes zehnte Mal an. Üben Sie den Rückruf wie auf Seite 48 beschrieben.

Der kleine Hund regt sich furchtbar auf, wenn er große Hunde sieht Entweder hatte er bisher nicht die Gelegenheit, große Hunde von ihrer positiven Seite kennenzulernen, oder er hat schlechte Erfahrungen mit ihnen gemacht. Trifft Ersteres zu, ist es für den Kleinen ein Gewinn, mit einem ruhigen, sozial verträglichen großen Hund regelmäßig spazieren zu gehen.

Achten Sie ansonsten bei Hundebegegnungen auf jeden Fall immer darauf, dass Ihr Hund an der lockeren Leine neben ihnen geht. Gehen Sie im großen Bogen, am besten im »bei Fuß« mit Blickkontakt zu Ihrem Tier, um den großen Hund herum. Muten Sie Ihrem Hund nicht zu, dem »Riesen« auf einem engen Weg zu begegnen. Wenn Ihr Hund bereits schlechte Erfahrungen mit großen Hunden gemacht hat, dann holen Sie sich professionelle Hilfe. Mit einem guten Tierpsychologen bekommen Sie das Problem in den Griff.

Der kleine Hund bellt, sobald er Geräusche von draußen hört Prüfen Sie, ob Ihr Hund ausreichend ausgelastet ist. Durch Langeweile entstehen die meisten Verhaltensauffälligkeiten. Ist es mal aus Zeitgründen nicht möglich, lange Spaziergänge mit dem Hund zu unternehmen, können Sie auch drinnen mit ihm spielen und ihn sinnvoll beschäftigen (→ Seite 55–59). Ist Ihr Hund aber eigentlich genug ausgelastet, sollten Sie mit fester Stimme »Aus« sagen, und ihn loben, wenn er aufgehört hat zu bellen. Wichtig ist es, den Hund immer dann zu loben, wenn er ein Kommando ausgeführt oder etwas richtig macht. »Erwischen« Sie Ihren Hund doch einfach öfter einmal, wenn er brav ist!

Macht der Kleine gern Dinge kaputt, sollten Sie überlegen, ob er ausreichend ausgelastet ist. Lassen Sie besser nichts herumliegen!

Der kleine Hund stiehlt Essen aus dem Mülleimer Verhindern Sie, dass Ihr Hund erfolgreich den Mülleimer oder Müllsack plündern kann, denn mit jeder Wiederholung übt er dieses Verhalten. Ersetzen Sie den Mülleimer gegen einen anderen mit verriegelbarem Deckel und schließen Sie Müllsäcke weg. Räumen Sie, wenn Sie den Raum verlassen, den Tisch vollständig ab.

Ist es Ihnen nicht möglich, alles Essbare wegzuschließen, können Sie dem Hund auch eine »Falle« bauen, bei der der Mülleimer für ein negatives Erlebnis verantwortlich ist! Stopfen Sie dafür den Mülleimer mit Papier aus, legen Sie obenauf einen Streifen Alufolie, auf den Sie ein dick mit sehr scharfem Senf und frisch gemahlenem Chili präpariertes Stück Brot legen. Kein Hund mag scharfe Sachen. Ihr Hund wird den Diebstahl aus dem Müll nur einmal versuchen, und danach wird der Mülleimer tabu sein.

Der kleine Hund besetzt das Sofa/das Bett und knurrt seine Menschen an Ihr Hund verhält sich wie der Chef im Hunderudel: Der würde sich sein gemütliches Plätzchen auch nicht streitig machen lassen. Was er von Störungen hält, das macht er mit einem Knurren deutlich. Wenn Ihnen ein solches Verhalten zu Hause mit Ihrem kleinen Hund passiert, machen Sie es dem Kleinen ungemütlich, versperren Sie den Zugang zum Sofa mit Stühlen und legen Sie die Sitzfläche mit knisternder Alufolie aus. Lassen Sie ihn nicht mehr – auch nicht mit Ihnen! – aufs Sofa. Die Schlafzimmertür bleibt zu, damit der Kleine erst gar nicht das Bett in Beschlag nehmen kann. Holen Sie sich professionelle Hilfe von einem Tiertrainer, sollte Ihr Kleiner öfter Ihre »Chefrolle« infrage stellen.

1 JAGEN VERHINDERN Wenn Ihr kleiner Hund gerne hinter Kaninchen oder anderen Tieren herjagt, verhindern Sie das, indem Sie ihn an eine Fährtensuchleine nehmen. Diese muss in ein Brustgeschirr, nie ins Halsband eingehakt werden. Lasten Sie Ihren Hund mit Such-Spielen oder Apportieraufgaben aus und verbessern Sie seinen Grundgehorsam.

2 ANSPRINGEN UNTERBINDEN Ignorieren Sie Ihren Hund, wenn er Sie anspringt. Verschränken Sie die Arme, drehen Sie sich von ihm weg. Erst wenn er mit allen vier Beinen auf dem Boden steht, streicheln Sie ihn. Sagen Sie »unten bleiben«, wenn er am Boden ist, dann wird er das Kommando bald begreifen. Auch andere Menschen sollten ihn ignorieren, wenn er sie anspringt.

3 RUHEZONEN BIETEN Nicht jeder Hund teilt seine Familie gern mit Besuch. Trainieren Sie mit ihm, in sein Körbchen zu gehen, am besten, solange kein Besuch da ist. Ist er im Körbchen, erhält er Leckerchen und wird gelobt. Bitten Sie Ihren Besuch, den kleinen Hund dort völlig zu ignorieren. Achten Sie darauf, dass auch die Ruhezone Ihres Hundes von den Gästen respektiert wird.

Kleine Hunde beschäftigen

Im gemeinsamen Spiel sowie der gemeinschaftlichen Bewältigung von Aufgaben vertieft sich die Beziehung zwischen Hund und Mensch, Verhaltensauffälligkeiten des Tieres werden auf diese Weise gar nicht erst auftreten. Gemeinsam spielen bedeutet aber auch: gemeinsam Spaß haben, positive Erfahrungen sammeln und – für den Hund – von Ihnen gesetzte Grenzen zu akzeptieren.

Spielen macht schlau!

Spiele für den Hund fördern die Intelligenz. Und schlaue Hunde sind im Alltag gelassener. Ein geistig geforderter Hund ist zufrieden und neigt nicht so oft zu Problemverhalten. Planen Sie mindestens drei Spaziergänge täglich für einen erwachsenen Hund ein, die jeweils 45 bis 60 Minuten dauern sollten. Wählen Sie abwechslungsreiche Runden und stellen Sie sicher, dass der kleine Hund auch Zeit im freien Spiel mit Artgenossen verbringt. Falls der Kleine jagt oder Anleinpflicht besteht, suchen Sie einen eingezäunten Hundeauslauf auf. Inspizieren Sie ihn aber im Vorfeld auf Schlupflöcher! Gestalten Sie die Spaziergänge für Ihren Hund interessant, kommt er nicht so leicht auf die Idee, hinter Vögeln oder Kaninchen herzujagen. Kleine Hunde möchten genauso ausgelastet und gefordert werden wie große Hunde. Vermeiden Sie aber Überforderung. Zwischen Spiel und Beschäftigung muss der Hund auch ausruhen können; sie schlafen ca. 14 Stunden täglich, Welpen noch mehr.

Jeder Spaziergang ein Erlebnis

Nachfolgend einige Anregungen, damit der gemeinsame Spaziergang für Mensch und Tier anregend verläuft und beiden Spaß macht.

Suchspiele Lassen Sie Ihren Hund absitzen und werfen Sie einige Leckerchen für ihn sichtbar auf die Wiese. Schicken Sie ihn dann mit einer Handbewegung in Richtung der Leckerchen. Sobald Ihr Hund diese gefunden hat und frisst, führen Sie das Wort »Such« ein. Später können Sie den Schwierigkeitsgrad erhöhen, in dem Sie die Leckerchen oder das Spielzeug hinter Büschen verstecken sowie den Radius immer weiter ausdehnen. Lassen Sie den kleinen Hund nicht nur immer am Boden suchen, Sie können die Leckerchen auch auf liegenden Baumstämmen deponieren!

Balancieren Locken Sie Ihren kleinen Hund auf einen Baumstamm, und lassen ihn balancieren. Am Ende des Stamms soll er absitzen und in dieser

Frisbee ist ein flotter Sport für schnelle Hunde. Vorheriges Aufwärmen nicht vergessen!

1 APPORTIEREN Variieren Sie das Spiel: Werfen Sie nicht nur, sondern lassen Sie Ihren Hund mal absitzen, verstecken den Ball und lassen ihn suchen.

2 KÜHLES NASS Im Sommer bieten Spiele im Wasser eine tolle Abkühlung. Salzwasser darf der Hund nicht trinken. Lassen Sie ihn daher besser nur aus Süßwasser apportieren.

3 SUCHSPIELE Auf Felsblöcken oder Baumstämmen kann man Leckerchen verstecken. Diesem Shi-Tzu macht die Suche viel Spaß.

Position erhält er eine Belohnung. Dann erst darf er auf Ihr Zeichen hin herunterspringen.

Schwimmen Viele Hunde schwimmen von Natur aus ausgesprochen gern, manche müssen erst daran gewöhnt werden. Mit einer leeren PET-Flasche oder einem speziellen Wasser-Dummy aus dem Zoofachhandel können Sie auch ängstlichere Naturen ins – anfangs flache –Wasser locken.

Regentage Das Hütchenspiel können Sie drinnen spielen! Nehmen Sie drei Plastikbecher aus dem Campingbedarf, legen Sie nur unter einen Becher ein Leckerchen, verrutschen Sie die Becher und lassen Sie den kleinen Hund das Leckerchen unter dem richtigen Becher finden. Kinder werden diese Übung mit Begeisterung mit ihrem Hund spielen. Aber auch hier gilt: Der Hund darf erst zu den Bechern, wenn er vorher geduldig abgesessen hat.

Tricks für Anfänger

Die meisten kleinen Hunde lieben es, wenn sich »ihr« Mensch mit ihnen beschäftigt. Im Handumdrehen lernen sie kleine Tricks – besonders, weil es immer eine Futterbelohnung gibt! Und so üben Sie:

Slalom durch die Beine Lassen Sie den kleinen Hund rechts neben sich absitzen, gehen Sie mit dem linken Bein einen Schritt vor und locken ihn mit einem in der linken Hand gehaltenen Leckerchen durch Ihre Beine. Gehen Sie dann einen Schritt weiter, wechseln das Leckerchen von der einen Hand zur anderen, und locken den Hund mit der rechten Hand durch die Beine. Wenn er unten durch ist, gibt es die Belohnung. Steigern Sie die Durchgänge von zwei auf bis zu acht Schritte. Zum Schluss gibt es immer das Leckerchen.

Gib Pfötchen Gehen Sie vor dem Hund in die Knie, halten Sie ein Leckerchen in ihrer geschlossenen Faust, in Höhe der Hundebrust. Warten Sie geduldig, bis Ihr Hund verschiedene Verhaltensweisen ausprobiert, daran ranzukommen. Irgendwann wird er mit seinem Pfötchen an Ihrer Faust kratzen. Jetzt loben Sie ihn, machen die Hand auf und geben das Leckerchen frei. Beim nächsten Mal führen Sie das Wortsignal »Gib Pfötchen« ein.

Männchen machen Klemmen Sie ein Leckerchen mit dem Daumen an Ihre Handinnenfläche und halten die flache Hand so hoch, dass der Hund sich auf die Hinterbeine stellen muss, um dranzukommen. Wenn er das tut, loben Sie ihn und geben das Leckerchen frei. Später ist dann nur diese Handbewegung das Sichtzeichen fürs Männchenmachen.

Apportieren Ihr Hund kann Spielzeug, Ball oder Futterbeutel zu Ihnen bringen. Diese Beschäftigung sorgt – gemeinsam mit dem Menschen – drinnen und draußen für Spaß und Anregung. Noch dazu ist das Apportieren von den vorgeschlagenen Gegenständen ungefährlich, im Gegensatz zum Stöckchenbringen: Die können splittern oder falsch getragen Ihren Hund im Maul verletzen.

› Machen Sie den Gegenstand, den Sie zuvor an einer reißfesten, kompakten Leine angebunden haben, für Ihren Hund durch Herumziehen über den Boden richtig interessant.

› Werfen Sie ihn dann ein bis zwei Meter weit von Ihrem angeleinten Hund weg. Wenn er hinterherläuft und sich dafür interessiert, loben Sie ihn.

› Im nächsten Schritt werfen Sie den Gegenstand nochmals, loben Ihren Hund aber erst, wenn er hineinbeißt. Wenn Ihr Hund mit dem Gegenstand zu Ihnen kommt, loben Sie ihn ausgiebig und bieten ihm ein Leckerchen zum Tausch an.

› Kommt er nicht freiwillig zu Ihnen, zupfen Sie sanft an der Leine und ziehen so Ihren Hund mitsamt dem Gegenstand zu sich her. Loben Sie ihn aber auch in diesem Fall ausgiebig und tauschen auch hier mit dem Leckerchen. Nach einigen Durchgängen führen Sie das Kommando »bring's« oder »Apport« – allerdings immer nur eines von beiden – ein, je nachdem, was Ihnen besser gefällt.

Damit **spielen** kleine Hunde gern

SPIELZEUG	DAS IST ZU BEACHTEN	SPIELZEUG	DAS IST ZU BEACHTEN
ZERRSEIL	Zum Drauf-rum-Kauen und Durch-die-Gegend-Schleppen. Zerrspiele bitte nur in Maßen. Sollte der Hund die Fransen verschlucken, kann das Probleme beim Kotabsetzen geben. Dann sollten Sie ihm das Zerrseil nur unter Aufsicht überlassen.	DUMMY	Gibt es in Form von kleinen Baumwollsäckchen oder Apportierhölzern; ganz neu sind Wurfstäbe aus Tennisballmaterial in Größe S, die herrlich springen, wenn sie geworfen werden, und sich prima von kleinen Hunden tragen lassen.
FUTTERBEUTEL	Für Apportier-, Such- und Bindungsspiele. Alle Futterbeutel lassen sich mit Belohnungshappen befüllen. Der Clou daran ist, dass der kleine Hund den Futterbeutel zu seinem Menschen bringen muss, um die Belohnung zu erhalten, denn nur der Mensch kann den Beutel öffnen!	BALL	Der Ball muss so groß sein, dass er vom Hund nicht verschluckt werden kann. Tennisbälle sind wegen des gesundheitsschädlichen Überzugs für Hunde ungeeignet.
		QUIETSCHTIER	Kein Quietschtier darf dem Hund unbeaufsichtigt überlassen werden. Wird er dadurch überdreht, so sollte es weggeräumt werden.

Sportlich und aktiv

Kleine Hunde können, wenn sie etwa ein Jahr alt und damit ausgewachsen sind, auch an ausgedehnten sportlichen Aktivitäten teilnehmen. Sofern sie gesund sind und der Tierarzt weder aus orthopädischer Sicht noch bezüglich des Herz-Kreislauf-Systems Bedenken äußert, sind kleine Hunde ausgesprochen ausdauernd und freuen sich über die gemeinsame Zeit mit »ihrem« Menschen! Gewöhnen Sie Ihren Hund – ebenso wie auch sich selbst – langsam an umfangreichere Touren und steigern Sie die Anforderungen allmählich. Wie Sie kann auch der Hund Muskelkater bekommen, wenn er sich normalerweise nur wenig regelmäßig sportlich betätigt und dann plötzlich Höchstleistungen vollbringen soll. Also machen Sie sich gemeinsam fit, schon das allein macht Spaß!

Beim Agility schlagen sich die Kleinen ausgesprochen gut. Beim Slalom durch die Stangen sind sie wahre Champions.

Gemeinsam fit

Hund und Fahrrad Das Nebenherlaufen am Fahrrad in einem gleichmäßigen Tempo macht Ihrem Hund keinen Spaß. Das Traben auf Asphalt belastet außerdem seine Bänder überproportional. Ein sich in hohem Tempo annäherndes Fahrrad-Hund-Team wird zusätzlich von anderen Hunden als Bedrohung empfunden, denn Hunde gehen im Freilauf nie zügig frontal aufeinander zu, es sei denn, sie sind aggressiv gestimmt.

Joggen Gemeinsames Laufen mit »seinem« Menschen macht Ihrem Hund entschieden mehr Spaß. Er soll dabei frei nebenher gehen können und auch mal Zeit zum Anhalten und Schnüffeln haben, um dann wieder seinem Menschen hinterher zu galoppieren. Bei Hundebegegnungen verringern Sie einfach das Tempo, um Missverständnissen vorzubeugen. Sobald Sie eine ausreichend große Distanz zum anderen Hund haben, können Sie weiterjoggen. Laufen Sie an heißen Tagen nur frühmorgens oder abends, wenn es nicht mehr so heiß ist, und denken Sie an die Mitnahme von ausreichend Wasser. Suchen Sie eine ansprechende Strecke durch den Wald aus, die auch Ihrem Hund gefällt, und nutzen Sie Stretching-Pausen als Ruhephasen für Ihren kleinen Hund.

Sport mit Gleichgesinnten

Egal, ob in privaten Hundeschulen oder in organisierten Hundevereinen: Es wird eine ganze Reihe von Hundesportarten angeboten.

Agility Bei diesem Hundesport lernt Ihr kleiner Hund, auf Ihr Zeichen hin durch Tunnel, über Hürden und durch ein Stangen-Slalom zu gehen. Eine

Jeder Ausflug mit »seinen« Menschen ist für den Hund ein Highlight. Lassen Sie ihn nicht nur mit Artgenossen spielen, sondern beschäftigen Sie sich bei dieser Gelegenheit intensiv mit Ihrem kleinen Begleiter. Das stärkt die Bindung und fördert die Gemeinsamkeiten.

enge Zusammenarbeit des jeweiligen Mensch-Hund-Teams ist notwendig, um die Aufgaben zu bestehen. Klären Sie mit Ihrem Tierarzt ab, ob Ihr kleiner Hund bei diesem Sport mitmachen kann.

Dog-Dancing Das Tanzen mit dem Hund erfordert eine hohe Aufmerksamkeit Ihres Vierbeiners. Die meisten kleinen Hunde haben sehr viel Spaß am Dog-Dancing und sind mit Begeisterung dabei.

Fährtenarbeit Hier zeichnen sich Hunde, die gern schnüffeln, aus. Diese Aufgabe stellt sehr hohe Anforderungen an die Konzentrationsfähigkeit der Hunde und ist das ideale Auslastungstraining für Jagdrassen.

Obedience Bei dieser Prüfungsform im Hundesport meistert der Hund mit seinem Teamgefährten Mensch verschiedene Übungen und zeigt ein kontrolliertes Verhalten in unterschiedlichen Situationen. Eine weitere große Herausforderung ist die Distanzarbeit, bei der der Hund auch mit Abstand zum Hundeführer bereitwillig gehorcht.

Die **halbfett** gesetzten Seitenzahlen verweisen auf Abbildungen.
U = Umschlag, UK = Umschlagklappe

A

B

C

D

E

F

G

H

I

J

K

Die Inhalte dieses Buches beziehen sich auf die Bestimmungen des deutschen Tier- bzw. Artenschutzes. In anderen Ländern können die Angaben abweichend sein. Erkundigen Sie sich daher im Zweifelsfall bei Ihrem Zoofachhändler oder der entsprechenden Behörde.

Adressen

Verbände/Vereine

› Verband für das Deutsche Hundewesen e. V. (VDH)
Westfalendamm 174
D-44141 Dortmund, www.vdh.de

› Fédération Cynologique Internationale (FCI)
Place Albert 1er, 13
B-6530 Thuin, www.fci.be

› Deutscher Hundesportverband e. V. (dhv)
Nordstr. 14a
06886 Lu-Wittenberg
www.dhv-hundesport.de

› Österreichischer Kynologenverband (ÖKV)
Siegfried-Marcus-Straße 7
A-2362 Biedermannsdorf
www.oekv.at

› Schweizerische Kynologische Gesellschaft (SKG/SCS)
Brunnmattstr. 24
CH-3007 Bern
www.skg.ch

› Berufsverband der Hundeerzieher/innen und Verhaltensberater/innen e. V. (BHV)
Auf der Lind 3
D-65529 Waldems-Esch
www.hundeschule.de

› Deutscher Tierschutzbund e. V.
Baumschulallee 15
D-53115 Bonn
www.tierschutzbund.de

Wichtiger **Hinweis**

› **Die vorgestellten Ratschläge können nur Empfehlungen sein. Sie basieren auf den jahrzehntelangen Erfahrungen der Autorin.**

› **Aufgrund genetischer Belastungen, mangelhafter Sozialisierung oder schlechter Erfahrung können Hunde zu Verhaltensauffälligkeiten neigen. So ein Tier sollte nur von einem erfahrenen Halter aufgenommen werden.**

› **Lassen Sie sich bei Problemen der Erziehung oder Ausbildung von einem erfahrenen Hundetrainer oder -psychologen helfen.**

Fragen zur Haltung beantworten

Ihr Zoofachhändler und der Zentralverband Zoologischer Fachbetriebe Deutschlands e. V. (ZZF)
Tel.: 06 11/44 75 53-32 (nur telefonische Auskunft möglich: Mo 12–16, Do 8–12 Uhr),
www.zzf.de

Registrierung von Hunden

› TASSO e. V.
Abt. Haustierzentralregister
D-65784 Hattersheim am Main
Tel.: 0 61 90/93 73 00
www.tasso.net

Hunde im Internet

Infos rund um den Hund:
› www.hunde.com
› www.ferien-mit-hund.de
› www.hundezeitung.de
› www.partner-hund.de
› www.meinhund.ch
› www.tiermedizin.de

Infos über giftige Pflanzen:
› www.giftpflanzen.ch
› www.botanikus.de

Bücher

› Falke, K.: Schnüffelspaß für Hunde. Gräfe und Unzer Verlag, München
› Feddersen-Petersen, D.: Ausdrucksverhalten beim Hund. Kosmos Verlag, Stuttgart
› Schlegl-Kofler, K.: Unser Welpe. Gräfe und Unzer Verlag, München
› Schlegl-Kofler, K.: Hundesprache. Gräfe und Unzer Verlag, München
› Schlegl-Kofler, K.: Das große GU Praxishandbuch Hunde-Erziehung. Gräfe und Unzer Verlag, München

Zeitschriften

› Der Hund. Deutscher Bauernverlag GmbH, Berlin
› dogs. Gruner + Jahr, Hamburg
› Wuff das Hundemagazin, Petmedia Verlagsgesellschaft, Maria Anzbach, Österreich

Versicherung

Fast alle Versicherungen bieten auch Haftpflichtversicherungen für Hunde an.

Die werden Sie auch lieben.

ISBN 978-3-8338-0595-0

ISBN 978-3-8338-2406-7

ISBN 978-3-8338-0523-3

ISBN 978-3-8333-2680-1

ISBN 978-3-8338-1195-1

ISBN 978-3-7742-8837-9

e Auch als eBook erhältlich.

Mehr von GU auf www.gu.de und
facebook.com/gu.verlag

GU
Willkommen im Leben.

IMPRESSUM

Unsere Garantie

Alle Informationen in diesem Ratgeber sind sorgfältig und gewissenhaft geprüft. Sollte dennoch einmal ein Fehler enthalten sein, schicken Sie uns das Buch mit dem entsprechenden Hinweis an unseren Leserservice zurück. Wir tauschen Ihnen den GU-Ratgeber gegen einen anderen zum gleichen oder ähnlichen Thema um.

Liebe Leserin und lieber Leser,

wir freuen uns, dass Sie sich für ein GU-Buch entschieden haben. Mit Ihrem Kauf setzen Sie auf die Qualität, Kompetenz und Aktualität unserer Ratgeber. Dafür sagen wir Danke! Wir wollen als führender Ratgeberverlag noch besser werden. Daher ist uns Ihre Meinung wichtig. Bitte senden Sie uns Ihre Anregungen, Ihre Kritik oder Ihr Lob zu unseren Büchern. Haben Sie Fragen oder benötigen Sie weiteren Rat zum Thema? Wir freuen uns auf Ihre Nachricht!

Wir sind für Sie da!
Montag – Donnerstag: 8.00 – 18.00 Uhr;
Freitag: 8.00 – 16.00 Uhr
Tel.: 08 00/7 23 73 33
Fax: 08 00/5 01 20 54
(kostenfreie Servicenummern)
E-Mail:
leserservice@graefe-und-unzer.de

P.S.: Wollen Sie noch mehr Aktuelles von GU wissen, dann abonnieren Sie doch unseren kostenlosen GU-Online-Newsletter und/oder unsere kostenlosen Kundenmagazine.

GRÄFE UND UNZER VERLAG
Leserservice
Postfach 86 03 13
81630 München

Projektleitung: Cornelia Nunn
Lektorat: Christa Klus-Neufanger
Bildredaktion: Waltraud Flöter, Petra Ender (Cover)
Umschlaggestaltung und Layout: independent Medien-Design, Horst Moser, München
Herstellung: Claudia Häusser
Satz: Uhl + Massopust, Aalen
Reproduktion: Longo AG, Bozen
Druck und Bindung: Firmengruppe APPL, aprinta druck, Wemding

Printed in Germany

ISBN 978-3-8338-1605-5

3. Auflage 2013

Umwelthinweis

Dieses Buch ist auf PEFC-zertifiziertem Papier aus nachhaltiger Waldwirtschaft gedruckt.

www.facebook.com/gu.verlag

GRÄFE UND UNZER

Ein Unternehmen der
GANSKE VERLAGSGRUPPE

Die Autorin

Susanne Müller-Rielinger hat jahrelange Erfahrung in der Ausbildung von Hunden und in der Beratung bei hundlichen Verhaltensproblemen. In ihrer Hundeschule bietet sie spezielle Kurse für Hunde kleiner Rassen an. Sie ist zertifizierte Tierpsychologin (ATN) und besucht laufend Fortbildungen bei anerkannten Verhaltensforschern.

Bildnachweis

Animals-Digital/Brodmann: U4-2, 38-2; **Arco-Images:** U3-2, U3-3, 10-2, 11-2, 12-1, 12-3, 13-2, 53; **Debra Bardowicks:** Cover; **Ulla Bergob Fotografie:** Autorenfoto; **corbis-images:** 59; **Oliver Giel:** 2-2, 11-3, 18, 29, 36, 37, 39-3, 41, 42; **Juniors Bildarchiv:** 10-1, 11-1, 13-3, 55, 56-2, 58; **Regina Kuhn:** 15, 28 (alle), 30, 38-1; **Tatjana Prawitz:** U3-1, 17-1; **Schanz-fotodesign.de:** 1, 4, 8, 17-2, 38/39, 39-1, U5, U8 (alle); **Sigrid Starick:** 3, 6, 39-2, 56-1; **Christine Steimer:** U4-1, 2-1, 10-3, 12-2, 14, 17-3, 20, 22, 23-1, 23-2, 25 (alle), 26, 32, 39-4, 40, 45 (alle), 46-1, 46-2, 47-1-, 47-2, 48-1, 48-2, 49, 50, 51-2, 52, 54 (alle), 56-3, U7 (alle); **TRIXIE-Heimtierbedarf:** 51-1; **Monika Wegler:** 13-1, 34.

Syndication:
www.jalag-syndication.de